犯罪捜査のための
テキストマイニング

文章の指紋を探り,サイバー犯罪に挑む
計量的文体分析の手法

金　明哲 監修
財津　亘 著

共立出版

監修のことば

　テキストマイニングは1990年代から特許，福祉・看護・医療，ビジネス，政治，言語・文学などの分野で研究応用が展開されてきた．しかし，法科学におけるテキストマイニングに関する研究と応用は，上記の分野と比べ遅れを取っている．テキストマイニングの手法を犯罪捜査に活用した2003年の保険金目的の殺人事件以来，犯罪捜査におけるテキストマイニングの重要性と有効性が関係者の注目を集めるようになったが，捜査機関や法曹関係者を含めあまり周知がなされていない．

　たとえば，2012年に他人のPCがウイルス感染させられ，遠隔操作によって無差別殺人や爆破の予告メールが自治体や幼稚園に送信された．この事件では，IPアドレスを基に捜査した警察がPC所有者4名を逮捕した．しかし，その後，「真犯人」を名乗る犯行声明メールが報道機関などに送られ，誤認逮捕が判明した．IPアドレスのみに頼らず，送信された犯罪予告の文章などを計量分析していれば，誤認逮捕を最小限にすることができたはずである．

　最近では，殺人事件に関する被害者なりすましの携帯メールもある．急速に発展する情報化社会においては，犯罪予告，被害者なりすまし，誹謗中傷等，犯罪が多様化する時代になっている．新しい時代に必要となる新しい技術と知識を一般市民まで周知を図るために本書の監修に至った．

　本書の著者は，上記のサイバー犯罪の現状を踏まえ到来する時代を予測しつつ，短い期間にテキストマイニング法による犯罪捜査に関連する十数篇の研究論文を国内外にて公表し，それをベースに本書をまとめた．本務のかたわら，これほどの成果を上げていることは，著者の有能さと情熱を兼ね備えていることが推察できる．

　本書は，近年の国内外のテキストマイニング法を用いた法科学に関連する研究成果を平易にかつ系統的にまとめたものである．本書は，テキストマイニングの基礎知識を解説した上で，著者識別，犯罪者プロファイリングを想定した

著者の性別・年齢層の推定，犯罪動機分析を実例を用いて解説している．本書の内容は，テキストマイニング法を犯罪捜査に適応する可能性を示しただけではなく，テキストマイニングの方法論も織り込まれている．著者が提案した多変量データ解析におけるスコアリング法は，データの統合的分析において有効な方法である．

本書は，数式を最小限にし，身近な実例を用いて説明しているので非常にわかりやすく，高校の知識でほとんど理解できる．また，関心を持っている一般市民の読み物としてはもちろんのこと，捜査機関・法曹関係者の研修用テキストや大学のテキストマイニング講義のテキストおよび主な参考書にも適している．

犯罪捜査のためのテキストマイニングに関する著書は，国内外に見当たらない．本書の刊行が，テキストマイニングの学問の発展および犯罪捜査を含む法科学に少なからず貢献できれば幸いである．

2018年秋　吉日

金　明哲

はじめに

　近年，サイバー空間を舞台とした犯罪が増加傾向にある。電子掲示板への書き込みや電子メールの送信による脅迫，名誉毀損，業務妨害などの犯罪は，いつでもどこでも誰にでも容易に実行できてしまうとともに，証拠が残りにくく，また他人への「なりすまし」も容易である。このようなことから，サイバー犯罪は，犯人の特定をはじめとして，その犯人性の立証が比較的困難といった特徴を有する。2012年に発生したいわゆる「パソコン遠隔操作事件」はそれを如実に示した例といえる。

　本書で紹介する手法は，日本で初めて犯罪捜査のためにテキストマイニング技術を応用したもので，文章情報に基づき，書き手を特定する「著者識別」あるいは書き手の特徴（性別や年齢層など）を推定する「著者プロファイリング」といった分析手法である。テキストマイニングとは，文章などの定型化されていない，大規模な文字列情報から体系化された情報や知識を探索するための技術であり，この技術もサイバー犯罪と同様に，コンピュータの発達にともない発展してきた技術である。コンピュータによる犯罪に挑むには，コンピュータ技術の応用が欠かせないであろう。

　「著者識別」は，別名「文章の指紋 (write-print)」とも呼ばれるもので，「パソコン遠隔操作事件」と類似の事件が将来発生することも見据え，その犯人性の立証に加えて，誤認逮捕の防止にも一役買うことができると考える。適用範囲は，サイバー犯罪に限らない。たとえば，印字された名誉毀損文が街中に撒かれるといった事件や，元交際相手からの脅迫文が何通も送付されるといったストーカー規制法違反被疑事件などで適用が可能であろう。さらに，いわゆる遺体無き殺人事件における電子メールを介した「被害者なりすまし」事案や，何らかの事件を敢行した後に犯行声明文（印字あるいは CD-R などの記録メディアに書き込んだもの）を各所に送付するといった事案，はたまた印字された遺書が死者によって作成されたか否か不明である事案など，適用できうる事件は

枚挙にいとまがない．指紋も DNA 型も残されていないが，文章は残っている．その文章を基に，人物を特定することができれば，犯罪捜査における次の展開が考えられよう．2016 年には，本邦はじめてであろう著者識別に関する鑑定書が裁判所にて証拠採用されている．また，従来は着手さえもできなかった事件が，本手法をきっかけに事件解決に動き出す例もある．たとえば最近では，証拠がまったくなかったことから，捜索差押許可状（いわゆるガサ状）の請求もできなかったある名誉毀損事件において，著者識別の鑑定書のみで令状を請求，それが裁判官に認められ，自宅を捜索したところ，明らかな証拠が発見されたため事件が急展開した事例もみられる．

本手法自体は，100 年以上前から研究されてきた歴史的経緯があることに加えて，英国をはじめ，すでに犯罪捜査の現場で実用化されている国も存在する．しかしながら，わが国においては登場して間もないため，その存在さえも知られていないのが現状である．本書は，著者識別を含めた計量的文体分析を，警察や検察など捜査機関や裁判官，あるいは裁判員になりうる一般市民に少しでも知ってもらうために刊行するものである．今後，新たな犯罪捜査のツールとして捜査現場で活用され，1 つでも多くの事件が解決することを願うばかりである．また本書は，実務への応用を視野に，多変量データ解析や機械学習の説明も本質的に理解しやすいよう心がけたつもりである．このことから，他分野におけるテキストマイニングの実務家やテキストマイニングの初学者も対象と考えている．

なお，本書の出版に際しては，多くの方々にお世話になりました．本手法の第一人者である金明哲教授には，ご多忙の中，この数年間にわたり多大なご指導ご鞭撻を賜るとともに，本書の監修を快く引き受けていただきましたこと，この場を借りて心より厚く御礼申し上げます．また，良き友人であるとともに切磋琢磨する関係にある大阪府岸和田子ども家庭センターの児童心理司 緒方康介氏，同志社大学文化情報学研究科の大学院生 尾城奈緒子さん，同研究科助手の孫昊さん，富山県警察本部刑事部科学捜査研究所の長田泰平氏には，本書推敲に尽力していただきました．この場を借りて謝意を表します．

最後に，私を日々励ましてくれた家族に心から感謝します．

2018 年秋　吉日

著者

目　次

第1章　近年の犯罪と計量的文体分析への期待　　1
- 1.1　サイバー犯罪の出現と犯罪捜査　　1
- 1.2　「パソコン遠隔操作事件」解決に向けた新たなツール　　4
  - 1.2.1　事件の概要と流れ　　4
  - 1.2.2　犯人性立証の可能性と誤認逮捕の防止　　6
- 1.3　印字文書の分析例　　7
- 1.4　遺体無き殺人，電子メールを用いた被害者なりすまし　　9
- 1.5　遺書の分析　　10

第2章　文体分析に関連する学問分野　　13
- 2.1　法言語学　　13
  - 2.1.1　法言語学とは　　13
- 2.2　計量国語学と計量言語学，ならびにコーパス言語学　　16
- 2.3　計量文献学　　17
  - 2.3.1　計量文献学とは　　17
  - 2.3.2　諸外国における研究史　　17
  - 2.3.3　日本における研究史　　19
- 2.4　計量文体学　　20
- 2.5　社会言語学　　21
  - 2.5.1　社会言語学とは　　21
  - 2.5.2　性別と言語に関する研究　　22
  - 2.5.3　年齢と言語に関する研究　　23

第3章　テキストマイニング概要　　25
- 3.1　テキストマイニングとは　　25

- 3.1.1 データサイエンスとテキストマイニング 25
- 3.1.2 テキストマイニングの応用研究 27
- 3.1.3 テキストマイニングの分析の流れ 29
- 3.2 テキストの加工作業とソフトウェア 32
  - 3.2.1 形態素解析 32
  - 3.2.2 構文解析 35
  - 3.2.3 テキストマイニングのためのソフトウェア 36
- 3.3 文体的特徴 36
  - 3.3.1 文字単位 37
  - 3.3.2 形態素単位 41
  - 3.3.3 構文単位 48
  - 3.3.4 文体的特徴における経年変化 49
- 3.4 多変量データ解析 50
  - 3.4.1 主成分分析 51
  - 3.4.2 対応分析 52
  - 3.4.3 多次元尺度法 55
  - 3.4.4 階層的クラスター分析 59
  - 3.4.5 データセットのテキストと変数の数 64
  - 3.4.6 多変量データ解析を用いた日本語研究の変遷 ... 64
- 3.5 機械学習 65
  - 3.5.1 サポートベクターマシン 65
  - 3.5.2 決定木 69
  - 3.5.3 ランダムフォレスト 71
  - 3.5.4 ナイーブベイズ 74
  - 3.5.5 その他の機械学習（ニューラルネットワーク，k最近傍法） 77
- 3.6 推定成績や識別力に関する評価方法や指標 78
  - 3.6.1 交差検証法 78
  - 3.6.2 分類器の性能評価（正解率，再現率，適合率，F値）.. 80
  - 3.6.3 感度と特異度，ROC分析に基づくAUC 82
  - 3.6.4 効果量 86

　　　　3.6.5　ランダムフォレストによる評価指標 . . . .　87

第 4 章　法科学における文体分析の概要　　89
4.1　諸外国における事例紹介 . . . .　89
　　　　4.1.1　米国の爆弾魔ユナボマーの犯行声明文 . . . .　89
　　　　4.1.2　米国の「パトリシア・ハースト誘拐事件」 . . . .　91
　　　　4.1.3　英国における遺体無き殺人事件 . . . .　93
4.2　日本における事例：保険金詐取目的の殺人事件 . . . .　94
4.3　計量的文体分析の種別 . . . .　97
　　　　4.3.1　著者照合 . . . .　98
　　　　4.3.2　著者同定 . . . .　98
　　　　4.3.3　著者プロファイリング . . . .　98

第 5 章　著者識別（著者照合，著者同定）　　99
5.1　従来の筆跡鑑定 . . . .　99
　　　　5.1.1　筆跡鑑定とは . . . .　99
　　　　5.1.2　個人差と個人内恒常性 . . . .　101
　　　　5.1.3　作為筆跡（模倣と韜晦） . . . .　102
5.2　機械学習による著者識別 . . . .　103
　　　　5.2.1　機械学習を用いた著者識別研究 . . . .　103
　　　　5.2.2　機械学習による方法の問題点 . . . .　105
5.3　多変量データ解析による著者識別 . . . .　106
　　　　5.3.1　多変量データ解析による著者識別研究 . . . .　106
　　　　5.3.2　「パソコン遠隔操作事件」の犯人性立証への計量的文体分析の試み（調査研究 1） . . . .　107
　　　　5.3.3　実際の事件で用いられた文章に関する著者識別の検討（調査研究 2） . . . .　111
　　　　5.3.4　多変量データ解析の著者識別に関する考察ならびに問題点とその方策 . . . .　120
　　　　5.3.5　分析結果に対するスコアリングルールの導入 . . . .　122

5.3.6　スコアリングルールの検証（その1）およびテキスト数や
　　　　　　文字数の影響（調査研究3） 125
　　　5.3.7　スコアリングルールの検証（その2）（調査研究4） 133
　　　5.3.8　著者識別手法の標準化と正確性の検証（調査研究5） ... 137
　5.4　尤度比による著者識別 142
　5.5　作為的に自己の文章表現を変えた文章の分析 144
　　　5.5.1　模倣文章：「グリコ・森永事件」を模倣した「黒子のバス
　　　　　　ケ脅迫事件」の文章の判別（調査研究6） 144
　　　5.5.2　韜晦文章：自己の文章表現を隠蔽した文章 151

第6章　著者プロファイリング　　　　　　　　　　　　　　　　155
　6.1　犯罪者プロファイリングとは 155
　6.2　著者プロファイリング研究概要 156
　　　6.2.1　性別推定研究 156
　　　6.2.2　年齢層推定研究 158
　　　6.2.3　その他の著者特徴の推定研究 160
　6.3　性別の推定 161
　　　6.3.1　機械学習による性別推定の試み（調査研究7） 161
　　　6.3.2　性別を偽装した文章の文体的特徴の変化（調査研究8） . 165
　6.4　年齢層の推定 173
　　　6.4.1　機械学習による年齢層推定の試み（調査研究9） 173

第7章　テキストマイニングを応用した犯行動機の分析　　　　　179
　7.1　犯罪者プロファイリングにおける動機の分析 179
　7.2　殺人事件 179
　　　7.2.1　殺人事件の動機研究 179
　　　7.2.2　殺人事件の動機分類（調査研究10） 181
　7.3　放火事件 183
　　　7.3.1　放火事件の動機研究 183
　　　7.3.2　単一放火の動機分類（調査研究11） 185

  7.3.3 連続放火の動機分類（調査研究 12）. 187
  7.3.4 総合考察. 190

第 8 章　今後を見据えて　　193
 8.1 日本の法科学における新たな分析手法としての確立に向けて . . . 193
 8.2 科学鑑定としての評価基準. 195
 8.3 鑑定結論に至る根拠ならびに鑑定結論の表現方法 197
  8.3.1 鑑定結論に至る根拠 197
  8.3.2 鑑定結論の表現方法 198
 8.4 今後の実務上ならびに研究における課題. 199

引用文献　　203

付　　録　　217

索　　引　　219

第1章　近年の犯罪と計量的文体分析への期待

1.1　サイバー犯罪の出現と犯罪捜査

　コンピュータ技術の発達やインターネットの普及とともに，近年はコンピュータ技術や電気通信技術を悪用したサイバー空間における犯罪（サイバー犯罪）の検挙件数も増加傾向にある（警察庁，2017）。

　警察庁によると，サイバー犯罪は，以下の3類型に区別される。

ネットワーク利用犯罪
　→　犯罪を敢行するためにコンピュータネットワークを利用した犯罪
- コミュニティサイトで知り合った女子児童に，カメラ付携帯電話でわいせつ画像を撮影の上，その画像を送信させ，自己の携帯電話に保存し，児童ポルノを製造した（児童買春，児童ポルノ法違反）。
- 出会い系サイトで知り合った女子児童が18歳未満であることを知りながら，ホテルにおいて買春した（児童買春，児童ポルノ法違反）。
- インターネットオークションにおいて，実際には持っていない品物を出品し，落札者から代金を騙し取った（詐欺）。
- 何ら権限もないのに，ブランドの商標に類似する商標を付したバッグを通販サイトで販売した（商標法違反）。　　　　　など

> 不正アクセス行為の禁止等に関する法律違反
> → コンピュータネットワーク上の通信において，不正にアクセスする行為やそれを助長する行為を規制する法律の違反
> - 他人の ID やパスワードを入力して，不正にコンピュータを使用した。
>
> コンピュータ，電磁的記録対象犯罪
> → オンライン端末を不正に操作または改ざんする犯罪
> - 他人の口座から自分の口座に預金を移し替える目的で，金融機関などのオンライン端末を不正に操作した（電子計算機使用詐欺）。
> - コンピュータに保存されているデータを勝手に書き換えた（電子計算機損壊等業務妨害）。　　　　　　　　　　　　　　など

　日本のサイバー犯罪検挙件数の推移を表 1.1 に示した。これによると，サイバー犯罪の中でも，ネットワーク利用犯罪の検挙件数が明らかに多いことがわかる。また，その中でも，児童ポルノに関する犯罪と詐欺の割合が高く，次いでわいせつ物頒布等の割合が高い。

　末藤 (2012) によると，このようなサイバー犯罪には，次のような 5 つの特徴があり，犯罪捜査の困難性を表しているとされる。

① 匿名性が高い

　コンピュータネットワークを介することから，顔を合わせることもないため，相手がわからない。このことから，別人になりすますことが容易といった特徴が挙げられる。

② 証拠が残りにくい

　筆跡や指紋，DNA 型といった物的証拠が残らない。犯行時に使用されたファイルや通信記録（ログ）などの電子データが証拠となりえるが，これらについても，消去され証拠が隠滅されるケースがある。

③ 不特定多数に被害が及ぶ

　インターネット上では不特定多数に向けて情報発信されることから，犯罪に悪用された場合には，瞬時に不特定多数へ被害が拡大する傾向がある。

表 1.1 日本のサイバー犯罪検挙件数の推移（警察庁（2016, 2017）を基に作成）

罪種	H23	H24	H25	H26	H27	H28
ネットワーク利用犯罪	5,388	6,613	6,655	7,349	7,483	7,448
児童買春・児童ポルノ禁止法違反(児童ポルノ)	883	1,085	1,124	1,248	1,295	1,268
詐欺	899	1,357	956	1,133	951	828
わいせつ物頒布等	699	929	781	840	835	819
著作権法違反	409	472	731	824	693	616
青少年保護育成条例違反	434	520	690	657	593	586
児童買春・児童ポルノ禁止法違反(児童買春)	444	435	492	493	586	634
脅迫	81	162	189	313	398	387
商標法違反	212	184	197	308	304	298
出会い系サイト規制法違反	464	363	339	279	235	222
その他	944	1,268	1,345	1,567	1,593	1,790
不正アクセス禁止法違反	248	543	980	364	373	502
コンピュータ・電磁的記録対象犯罪等	105	178	478	192	240	374
合計	5,741	7,334	8,113	7,905	8,096	8,324

④ 時間的・場所的制約がない

　コンピュータネットワークには時間的・地理的制約がないことから，たとえ地球の裏側であっても，犯罪が実行できる。

⑤ 犯人の特定が困難である

　前記の特徴そのものが，犯人の特定が困難ということを意味している。

　このような犯罪では，通常 IP アドレス（インターネット上に接続されている端末などを識別するために，端末に割り振られた識別番号）に基づき，プロバイダから契約者情報を入手する。しかし，「契約者＝犯人」とは限らず，犯人特定に関しては「なりすまし」による犯行も念頭に，またその他の証拠などを踏まえ慎重に捜査を進める必要がある。たとえば，IP アドレスから契約者が特定できたとしても，その契約者が犯人であるとは限らず，家族や知人が犯人であるといったこともありえる。また，後述の「パソコン遠隔操作事件」では，「Tor」と呼ばれる IP アドレスを隠すことができるネットワークを使用し，他人のパソコンを遠隔で操作することで，電子掲示板への書き込みを行ったことから，痕跡となる IP アドレスは遠隔操作されたパソコンのものであり，そこから

誤認逮捕に至っている．

　本書で紹介する手法は，電子掲示板や電子メールの文章を記載した人物を特定ないしその人物の特徴（性別など）を推定することを目的としており，サイバー犯罪を含めたさまざまな事件で有用となりえる．以降事例に沿って紹介する．

1.2 「パソコン遠隔操作事件」解決に向けた新たなツール

1.2.1 事件の概要と流れ

　近年サイバー犯罪が増加傾向にあることは，前節で示したとおりであるが，サイバー犯罪の特徴として，現実世界における犯罪に比べると，犯人性の立証が困難な場合があることが挙げられる．その例として，2012年に発生したいわゆる「パソコン遠隔操作事件」がある．この事件については，神保 (2017) に詳細に記載されている．事件の概要および事件の流れは次のとおりである（図1.1）．

パソコン遠隔操作事件

　2012年6月29日から同年9月10日までの間，日本において，インターネット掲示板を介して，他人のパソコンを遠隔操作し，航空機に対する爆破予告や人気タレントに対する殺害予告などが行われた事件である．

　同年10月からは，真犯人を称する人物から，「犯行声明メール」などが送信されるようになるが，翌年江の島の防犯カメラに映った人物を手がかりに捜査が進み，真犯人とされるKの逮捕に至る．

　Kは，航空機の強取等の処罰に関する法律（通称，ハイジャック防止法）違反，威力業務妨害，不正指令電磁的記録供用など9つの事件，10の罪状で起訴され，懲役8年の実刑判決が下されている．

　この一連の事件では，IPアドレスをたどるといった通常の犯罪捜査を進め，ある4名が使用していたパソコンが特定されたものの，実際は真犯人が，IPア

1.2 「パソコン遠隔操作事件」解決に向けた新たなツール

一連の事件

犯行年	犯行日	罪名	書込・送信先	媒体	犯行予告の内容	送信元のPC使用者	誤認逮捕
2012年	6月29日	威力業務妨害	横浜市ホームページ	投書フォーム	横浜市の小学校に対する襲撃予告	東京都の男性	✓
	7月29日	威力業務妨害	大阪市ホームページ	投書フォーム	通称オタロードでの無差別殺人予告	大阪府の男性	✓
	8月1日	ハイジャック防止法違反	日本航空	電子メール	日本航空機の爆破予告		
	8月9日	威力業務妨害	2ちゃんねる	掲示板	同人誌イベントでの無差別殺人予告	愛知県の会社	
	8月27日	威力業務妨害	幼稚園	電子メール	都内の幼稚園に対する襲撃予告	福岡県の男性	✓
	8月27日	脅迫	芸能事務所	電子メール	有名子役タレントに対する殺害予告		
	8月29日	威力業務妨害,不正指令電磁的記録供用	2ちゃんねる	掲示板	人気タレントグループに対する殺害予告	神奈川県の男性	
	9月10日	威力業務妨害	2ちゃんねる	掲示板	秋葉原の携帯電話販売店への襲撃予告	三重県の男性	✓
	9月10日	威力業務妨害	2ちゃんねる	掲示板	伊勢神宮に対する爆破予告		

真犯人からのメッセージ

送信年	送信日	メール種別	送信先	媒体	記載されていた内容
2012年	10月9日	犯行声明メール	弁護士など	電子メール	目的やウイルスなどについて記載されたもの
	11月13日	自殺予告メール	弁護士など	電子メール	自殺する旨が記載されたもの
2013年	1月1日	謹賀新年メール	弁護士など	電子メール	パズル問題が添付
	1月5日	延長戦メール	弁護士など	電子メール	追加のパズル問題が添付

追加パズルを解くことで開くファイルの中に猫の画像があったもの。この猫は、特典(ウイルスのソースコードを保存したメディア)を首輪に付けた江の島の猫で、この周辺の防犯カメラをきっかけに被疑者Kが浮上

2013年2月10日より  被疑者Kの逮捕

(犯行を最初から否認、勾留途中には取調べにも応じなくなる)

2013年3月22日より 九つの事件・10の罪状で起訴

2014年2月12日より 公判開始

(保釈が認められる)

公判中に送付されたメール

送信年	送信日	メール種別	送信先	媒体	記載されていた内容
2014年	5月16日	真犯人メール	弁護士など	電子メール	被告人Kを狙った理由やウイルスの内容など

電子メールのタイマー機能を使用した「真犯人メール」であったが、メール送信に使用され,河川敷に埋められたスマートフォンが発見される。それをきっかけに被告人Kが一連の事件の犯行を認める供述を始める。

図 1.1 パソコン遠隔操作事件の経緯

ドレスを隠すことができる「Tor」と呼ばれるネットワークを使用していた。このことから，そのパソコンを使用していた4名が誤認逮捕された。IPアドレスのみによる真犯人の割り出しが困難であることを示した事件であった。

神保 (2017) も述べるとおり，この事件は，真犯人が墓穴を掘ることで，全面解決した事件といっても過言ではない。第1に，Kが江の島の猫の首輪にSDカード（真犯人としてのメッセージデータ入り）を付けに行ったところが防犯カメラに映っていたために，被疑者として浮上したこと，第2に，公判中に，保釈となり，保釈後にKは真犯人メールを送信することとなるが，そのときに使用されたスマートフォンが発見されたことで，全面解決へと向かっている。このことは，将来同様の事件が発生し，かつ被疑者が取調べにおいて完全否認，さらには犯行に使ったパソコンをすべて廃棄し，物的証拠を残さなかった場合に，その被疑者の犯人性を立証することができるのかといった問題を残している。他方，誤認逮捕された一人が，「自分の無実の証明の仕方がまったくわからなかった」と述べているように，自分のパソコンの中に，犯罪に関連するテキストファイルが残っていて，その日のアリバイが証明できなければ無実の証明は困難といえよう。

1.2.2 犯人性立証の可能性と誤認逮捕の防止

以上のような事件の本質的な問題は，書き込みや電子メールの文章を記載した人物が誰なのかという点に尽きると考えられる。文章を書いた人物とそれを送信した人物が異なるといった状況がまったくないとは言い切れないが，「被疑者として浮上した人物が，その電子掲示板への書き込みや電子メールの文章を書いたか否か」，これが重要と考えられる。もし，実際に真犯人であったKが書いたものとわかれば，犯人性の立証につながっていた可能性がある。他方，誤認逮捕された4名がその文章を作成していないということがわかれば，また違った新たな視点で犯罪捜査が進んでいた可能性がある。

本書で紹介する計量的文体分析は，この犯人性の立証と誤認逮捕の防止策に通じるものと考えられる。パソコン遠隔操作事件発生の当時に，この計量的文体分析を行っていたとしたら，実際にはどのような結論が出ていたであろうか。これについては，5.3節の調査研究1「パソコン遠隔操作事件」の犯人性立証へ

の計量的文体分析の試みにおいて詳細な分析を紹介する．

1.3 印字文書の分析例

1984年から発生した「グリコ・森永事件」は，日本国中を大混乱に陥れた戦後最大規模の未解決事件といえる．この事件では，多数の食品企業に対して，脅迫状が送られ，その脅迫状はタイプライターで作成されていたという．また，1987年の朝日新聞阪神支局に散弾銃を持った男が押し入った事件から始まる「赤報隊事件」においては，犯人から声明文が送付されており，この声明文はワープロで作成されていたとされる．

このような大規模な事件に限らず，最近ではプリンタやファクシミリの一般家庭における普及にともない，印字文書による事件が散見される．爆破や殺害などの犯行予告は，数文字から十数文字など比較的文章が短い傾向があり，計量的文体分析の適用は難しいかもしれない．一方，ストーカー規制法違反や名誉毀損，脅迫，公職選挙法違反などの事件で使われる印字文書は，数百から千数文字と比較的文字数が多い．どのような事件で，計量的文体分析が行われるか，仮想事例とともに紹介する．

仮想事例①：ストーカー規制法違反被疑事件
　男性被疑者が，過去に交際していた女性に対する嫉妬心から，今現在の交際相手の男性に対する嫌がらせをするために，男性の勤務先や親族宛てに複数の文書をファクシミリで送信するといった事件である．

ストーカー行為等の規制等に関する法律（いわゆるストーカー規制法）違反とは，「つきまとい行為」が反復して行われていることが要件となる．そこで，このような事例では，「複数の文書に書かれた文章が同一人によって記載されたものか否か」を解明するために，当該文書について計量的文体分析が実施される．

> **仮想事例②：名誉毀損被疑事件**
> 　男性被疑者が，知人の女性被害者の勤務先や公共機関に対して，被害者の名誉を毀損する内容の郵便はがきを送付するといった事件である。

　この事例では，指紋やDNA型が残されていなかった上に，郵便はがきに記載されていた文章がプリンタで印字されていた。知人女性の知り合いが被疑者として浮上したものの，証拠がない上に，その容疑を被疑者が否認したことから捜査は困難を極める。ちなみに，被疑者は，数年前に別の脅迫事件で逮捕されており，このときの脅迫文については本人が書いたことを認めていた。そこで当時の脅迫文を入手し，「郵便はがきにおける文章と過去の脅迫文における文章が，同一人によって記載されたものか否か」を解明するために，計量的文体分析を行うのである。

> **仮想事例③：公職選挙法違反被疑事件**
> 　女性被疑者が，特定の選挙候補者を支援する目的で，複数人に対し，公示前にも関わらず，「〜〜に清き一票をお願いします」などの内容のビラを郵便受けに投函した事件である。

　公職選挙法では，公示前の選挙運動は事前運動として一切禁止されている。また，この事例におけるビラは，プリンタで作成されていた。ビラはA4判用紙で，文字がびっしりと記載されていた。ただし，指紋やDNA型は残されていない。このような事例では，従来は被疑者が浮上したところで，印字されたプリンタの機種を特定するといった鑑定などが限界である。ましてや被疑者が取調べにおいて否認すればなおさら犯罪捜査は困難となることから，文書を作成した人物の特定に至らない可能性が高くなる。そこで，被疑者として浮上した人物が過去に作成した文書（たとえば，日記や手紙，電子メールなど）を入手し，「ビラにおける文章と過去の手紙における文章が，同一人によって記載されたものか否か」といったことを計量的文体分析で行うことができる。

1.4 遺体無き殺人，電子メールを用いた被害者なりすまし

　世の中には，忽然とある人物が行方不明になるといったことがある。そのような場合は，自ら失踪した者もいれば，何らかの事件や事故に巻き込まれたといったことも考えられる。次の事例は，米国における実際の事件である。

> **被害者なりすましの殺人被疑事件**
> 　この事件は，2011年，ある両親が息子クリスチャン・ライアン・スミス (Christian Ryan Smith) と連絡が取れなくなることから始まる。両親は，何カ月もの間，息子から「アフリカで旅行している」旨の電子メールを何度も受信していた。しかし，突如音信不通となり，その期間も長くなったことから，両親は不安を覚え，警察に相談するのであるが，息子のクリスチャンはアフリカ旅行に行っておらず，その上事業を営んでいた事務所は改装されていたことが発覚。そこで事務所を調べると，血痕がみつかり，DNA型の鑑定結果からその血痕が息子のものと判明，クリスチャンは2010年の段階で，この事務所で殺害されていた疑いが浮上する。
> 　捜査の末，事業を一緒に立ち上げた人物であるエドワード・ヤングーン・シン (Edward Younghoon Shin) が被疑者として浮上，犯行について自供したことから逮捕に至った。金銭トラブルが動機であったとされるが，クリスチャンの遺体はいまだ発見されていないという。

　この事件で逮捕されたエドワード・ヤングーン・シンは，何カ月もの間，息子クリスチャンになりすまし，電子メールを送っていた。この事例でわかるように，電子メールは相手と顔を合わせないで通信が可能となることから，犯人が被害者になりすますことで，たとえ親や知人であっても容易に騙すことができてしまう。このような事例では，計量的文体分析により，ある時期を境に，その前後における文章の文体的特徴を比較する方法で，「電子メールの送信者が変わったか否か」といった分析が可能となる。分析には，ある程度の文字数

は必要であるが，この事例では数カ月の間に複数回の電子メールを受信していることから，分析は可能であったと思われる。

　これは米国の事例であったが，英国においても類似の遺体無き殺人事件が発生している。4.1節でも紹介するが，英国では計量的文体分析による結果が積極的に使われており，遺体がいまだ見つかっていない事件においても被疑者が逮捕され，裁判において略取誘拐ならびに殺人の実刑が下されている。

1.5　遺書の分析

　警察業務においては，自殺したとみられる者の遺書について，その書き手を明らかにする必要がある。遺書は，家族や知人などに伝える最後の個人的なメッセージであるが，もしかすると，自殺に見せかけた偽装殺人であり，その遺書が，殺人犯によって書かれたものである可能性もありえる。そのため，自殺か他殺かといった判断の材料とするために，その書き手を明確にすることが求められる。通常，手書き文字が残っていれば，筆跡鑑定が嘱託される。なお，筆跡鑑定を実施するためには，遺書の筆跡と対照するための筆跡が必要となるが，自殺といった事案の場合，記載したと思われる人物が死亡していることから，その人物が過去に作成したことが明確な文書（例，日記やメモ帳など）を探すことから始めなければならない。吉田 (2004) によると，すでに記載されている筆跡の収集にはいくつかの条件がある。たとえば，①作成時期の近い文書を収集する，②同じ字体や書体の文字を複数収集する，③文書の形式や用紙，筆記具も同じか近似するものを収集する，④文書の内容が同じか近似している文書を収集する，⑤コピーや感圧紙ではなく，原本を収集するといった制約がある。自殺の例では，文書の内容が同じものを収集すること自体が無理であり，このすべての条件に見合う文書を探すのは困難といえる。このことから，実際には遺書に記載されている筆跡と同じ字体の文字をひとまず探すこととなるが，手帳や日記などが残されていない場合は筆跡鑑定ができない。そもそもその遺書自体が，パソコンで作成された印字文書であることもあろう。また最近では，最期のメッセージを電子メールで誰かに送信するといったこともありえる。このように，手書き文字で記載されていない遺書の場合，筆跡鑑定は不

可能となる。

　そこで登場するのが，計量的文体分析による著者識別の技法である。計量的文体分析による著者識別の際にも，上記の例と同様に，死者が過去に記載した文書などを探す必要があるが，この手法の場合，文章情報から著者を識別するため，手書き文字を探す必要はない。また，印字された文書に限らず，電子掲示板への書き込みや送信された電子メールの文章を使うことができるといったメリットもある。このことから，本手法により，遺書に関する分析の幅が広がる可能性があると考えられる。

　なお，本書では，筆跡鑑定の場合の「筆者」識別と区別するために，テキストマイニングによる文体的分析の場合は「著者」識別としており，以降も同様に「筆者」と「著者」といった使い分けをする。

第 2 章　文体分析に関連する学問分野

2.1　法言語学

2.1.1　法言語学とは

　法言語学 (Forensic Linguistics) という名称は，1968 年，英国の言語学者ジャン・スヴァルトヴィック (Jan Svartvik) が，殺人事件の自白調書についてコーパス（次頁参照）を用いた分析を行い，その調書の信頼性は低いと結論付けた時期に命名されたとされる (Coulthard & Johnson, 2007；Olsson, 2009)。その後，法言語学の第一人者マルコム・クルサード (Malcolm Coulthard) をはじめ，さまざまな言語学者がこの名称を多用することとなり，今日に至っているとされている。

　法言語学に関連する学会として，1990 年代初頭の英国に「国際法言語学会 (International Association of Forensic Linguists)」が設立されたほか，日本においても 2009 年に「法と言語学会」が設立されている。この学会のホームページ (http://jall.jpn.org/) によると，研究対象として以下の 9 つが挙げられるという。本書で扱う著者識別は，まさに「6. ことばの証拠」に該当するといえる。

1. 司法の言語（法律用語・法律文，法廷用語や判決文を含む裁判の言語など）
2. 司法通訳における言語使用
3. 司法翻訳
4. 言語権・言語法
5. ことばの犯罪（贈収賄，脅迫，偽証，不穏当表現など）
6. ことばの証拠（筆者・著者または話者の同定，商標の類否など）

7. 司法コミュニケーションの諸問題
8. 法言語教育
9. 法言語学史（成立と発展）

　法言語学の視点で，著者識別を行った事例が，Olsson (2009) にまとめられているほか，Coulthard & Johson (2007) にも一部紹介されている。日本の法言語学に関する書籍は多くはないが，上記の分類に沿って法言語学についてまとめられているものに橋内・堀田 (2012) が挙げられる。

　Olsson (2009) は，2005 年に英国リッチモンドで発生した略取誘拐事件で，19 歳の被害少女ジェニー・ニコル (Jenny Nicholl) からその親に送信されてきた電子メールを分析している。分析内容は，事件前後の語彙におけるスペルの変化（「have」を「ave」，「phone」を「fone」と綴るなど）や，語間におけるスペースの有無，フォーマルな単語か否か（「I am」，「I'm」）などを検討し，著者が事件前後で異なることを指摘している。その後，犯人は逮捕されたものの，犯人は取調べにおいて否認しており，被害少女はいまだ発見されていないとされている。

　また，遺書についての分析も行われている。事件は，米国の少年（当時 19 歳）が，当時交際していた少女の前で拳銃自殺を図ったもの。少年は，少女と 3 年間交際していたが，その関係を終わらせたがっていた。その理由として，少女の家族は，何らかの犯罪に関与しており，また少年に対して犯罪行為を強要していた疑いがあった。そこで，少年の母親は，少女の家族に殺されたのではないかと疑念を抱いて，遺書の分析が依頼されたという。分析内容は，実際に自殺した者が使う傾向がある単語が，その遺書にもみられるか否かが検討された。Olsson (2009) によると，実際に自殺する者は，遺書で「内向的」な語を使うことが多いのに対して，偽物の遺書では「外向的」な語を用いる傾向にあるとされる。そのような観点から検討したところ，当該遺書については，明らかに「内向的」な語が多く，「外向的」な語が少ないことから，遺書は少年が書いたものであると結論付けられている。

　その他の例として，コーパスを参照し，「使用された語が一般的に用いられるものか否か」を基準として，著者識別を行っている事例がある。コーパス (Corpus) というのは，言語研究に資するための言語資料のことであり，最近で

は電子化されたテキストファイルやデータベースを意味する。事件は，いわゆる児童ポルノにかかる犯罪で，被疑者と思われる 50 代男性ビジネスマンがインターネット上で児童ポルノをダウンロードした後に，児童ポルノの提供会社に不満の内容を記した電子メールを送信するといったものである。警察の捜査で押収された被疑者のパソコン内には，ポルノ画像と電子メールの原文が発見されている。ただし，被疑者の弁護士は，男性の知人（配管工で，そこまで知り合いではないとされる）がダウンロードしたと主張，その上その配管工の男性は最近死亡していたことが判明する。そこで，Olsson (2009) は，疑問文章（児童ポルノにかかる不満を述べた電子メール）が，2 つの対照文章（①被疑者が記載したもの，②配管工の男性が過去に記載したもの）のどちらの著者によるものなのかを検討している。特徴として，配管工男性の文章は文法や語の綴りなどに誤りが散見された一方で，疑問文章と被疑者の対照文章は，フォーマルな文章であったとされる。また，コーパスを利用して，たとえば「probable cause」などの語の頻度を確認した上で，一般的に使用頻度が低い語の組合せであることを根拠に「疑問文章は被疑者が記載したものである」と結論付けられている。

Olsson (2009) いわく，著者識別の方法には，①言語学的な特異性を検討する方法，②機能語などの分布に着目した統計分析，③ニューラルネットワークなどの人工知能技術を用いた分析に分類できるという。①については，「linguistic fingerprint（言語学的指紋）」と呼ばれる，個人を識別できうるほどの言語学的に特徴のある個人語 (idiolect) に着目し，スタイル・マーカーと呼称される個々の特徴（文体的特徴とほぼ同義）を分析することを意味する。②と③は，本書でも紹介するが，多変量データ解析も含めた統計解析による計量的文体分析と機械学習による計量的文体分析を意味している。

法言語学でいうところの「linguistic fingerprint（言語学的指紋）」と計量的文体分析である「write-print（文章の指紋）」は，共通する点も多く，類似した概念とも考えられる。ただし，法言語学者による著者識別は，内容語を含め，話題内容に影響を受けやすい特徴に着目することが比較的多いように見受けられるが，本書で扱う計量的文体分析による著者識別では，基本的に話題内容に影響されにくい特徴に着目するといったスタンスで行う。

以降では，文章を計量的に分析することに関連した学問分野を紹介する。

2.2 計量国語学と計量言語学，ならびにコーパス言語学

　文章を計量的に取り扱う学問分野は従来から存在しており，その名称も計量国語学，計量言語学，コーパス言語学，計量文献学，計量文体学などさまざまである。これらの学問は，後述するところの「著者識別」と密接に関連する分野となる。

　わが国では，1957 年に計量国語学会が設立されている。金 (2009a) によると，計量的に言語を扱う学会としては世界で最も古い学会とされている。この学会のホームページ (http://www.math-ling.org/) によると，「本学会は，計量的または数理的方法による国語研究の進歩をはかり，言語に関係がある諸科学の発展に資することを，目的としています」とある。また，計量国語学会 (2017) によると，計量国語学とは，統計的な調査・研究方法による科学的な方法で言語研究を行う分野で，日本語における歴史的な変化や地域性の違いなどが計量的に研究されている。たとえば，横山 (2017) によると，日本における 1956 年と 1994 年の雑誌を比較すると，「ひらがな」の割合が顕著に低くなっており (56.0%→35.7%)，次いで「漢字」の割合も低下しているという (35.8%→26.9%)。一方で，「カタカナ」の割合が 6.3%から 16.0%に高くなるといった変化がみられている。このような割合の比較によって，日本語の時系列的な変化を理解することができる。なお，計量言語学と呼ばれる分野も存在し，これもまた言語を定量的に分析する言語学の一分野とされることから，方法論は両分野とも共通するようである（ちなみに，計量国語学会によると，計量国語学の英語表記は，「Mathematical Linguistics」となっている）。後述する計量文献学や計量文体学は，計量国語学や計量言語学の中に含まれる分野といえよう。

　さらには，コーパス言語学と呼ばれる分野がある。石川 (2012) によると，コーパス言語学とは，「電子化された大規模な言語テキストの集成体であるコーパスに基づき，コンピュータを駆使して，主として実証的観点から言語の諸特性を観察・調査・記述・分析する研究実践の総称」であるという。このことから，コーパス言語学は，計量言語学の中でも，分析対象をコーパスに特化した一分野と理解できよう。

2.3 計量文献学

2.3.1 計量文献学とは

この分野の第一人者である村上征勝氏によると，計量文献学とは，「文献に関する諸問題を，文献における単語や品詞の出現率，単語や文の長さの平均値，文献の語彙量などの文章の数量的な特徴を統計的手法で把握し，解明しようとする研究分野」で，文学，哲学，歴史学，宗教学，政治学などの分野における文献の文章上の特徴を計量的に分析し，その真贋や執筆者，執筆年，執筆順序などの問題を解明することが目的とある（村上，2016）。計量文献学の歴史については，以下のとおりである（詳細は，村上・金・土山・上阪 (2016) や金 (2009a)，石田・金 (2012) を参照）。

2.3.2 諸外国における研究史

文献の歴史は，人類の歴史といっても過言ではない。文献の歴史とともに，計量分析の歴史も存在する。前川 (1995) によると，紀元前からいくつかの国々で宗教の教典が計量分析の対象となることがあったという。たとえば，古代インドでは，紀元前 1500 年ごろに成立した教典『リグ・ヴェーダ』に関して，その行や単語，音節の数を数え上げるといったことがされていたようである。また，宗教の教典以外にも，西洋文学最初期の作品とされる，紀元前 8 世紀末の吟遊詩人ホメロス (Homer) の『イリアス』『オデュッセイア』が挙げられる。そもそもホメロス自身が存在したのか，それらの作品の作者であったのか，作者が複数人だったのかといった「ホメロス問題」には諸説がある。そこで，紀元前 3，4 世紀頃のエジプト・アレクサンドリアの学者は，作者や年代を特定するために，稀にしかみられない単語を数えたとされる。

文章の計量分析を試みた最初の研究者は，英国ロンドン大学の数学教授で論理代数の創始者でもあったオーガスタス・ド・モルガン (Augustes De Morgan, 1806-1871) とされている。彼は，『新約聖書』の中の「パウロの書簡」と呼ばれる 14 通の手紙が，すべてパウロ自身によって書かれたものなのかといった問題に関して，単語の長さの平均値を算出することで解決できないかと考えた (De

Morgan, 1882)。『新約聖書』は，紀元1世紀から2世紀にキリスト教徒によって書かれたとされるが，文章を計量的に分析することで著者を推定するといった発想が1,000年以上経った後に生まれたことを考えると，当時は画期的なアイデアであったと思われる。ド・モルガンに続いて，スコットランドでは古典学者ルイス・キャンベル (Lewis Campbell, 1830-1908) が，ギリシャ哲学者のプラトン (Plato) によって書かれたとされる6つの対話編の執筆順序について，著書内の特定の哲学用語に関する使用頻度を算出して分析し，『ソピステス』『政治家』『ピレボス』『ティマイオス』『クリティアス』『法律』の順で執筆されたと結論付けている (Campbell, 1867)。

　このようにヨーロッパで始まった計量的な文献分析は，Campbell の研究から20年後には米国まで波及する。オハイオ州立大学で地球物理学を研究していた Mendenhall (1887) は，光学におけるスペクトル分析の方法を，文章における計量分析に応用し，単語の長さの最頻値を分析することで，ディケンズ (Dickens, C.) やサッカレー (Thackeray, W.M.)，ミル (Mil, J.S.) といった作家の作品が分類できうることを示した。この研究によると，同一作家の作品における単語の長さの最頻値については類似した値が得られるものの，異なる作家の作品における単語の長さの最頻値については異なる値が得られたという。第5章の著者識別において詳細を説明するが，この結果は，まさに著者識別の根拠となる「個人内恒常性」と「個人差」を示している。つまりは，同一人物が文章を記載した場合，その特徴は非常に安定して個人内恒常性がある程度存在することから，この例のように同一作家では，単語の長さの最頻値が類似した値を示す。一方で，異なる作家間の文体的特徴には「個人差」があることから，単語の長さの最頻値が異なったと説明できるのである。メンデンホールはその後，当時から学術的議論となっていた「シェイクスピア別人説」に同様の分析を試みている。「シェイクスピア別人説」とは，一般的には，『ハムレット』『リア王』『オセロ』『マクベス』などの戯曲は，ウィリアム・シェイクスピア (William Shakespeare, 1564-1616) によって書かれたものとされているが，それに異を唱える懐疑派が存在しており，本当の作者の候補として，フランシス・ベーコン (Francis Bacon, 1561-1626) やクリストファー・マーロウ (Christopher Marlowe, 1564-1593)，第17代オックスフォード伯のエドワード・ド・ヴィアー (Edward de Vere, 1550-1604) が挙げられていた．そこで，メンデンホールは，「シェイクスピア=ベーコン説」に関して，シェイクスピアの作品については 40 万語，ベーコンの作品については 20 万語の単語の長さを調べ，前者では 4 文字の単語が多いのに対して，後者では 3 文字の単語が最も多いという違いがみられたという (Mendenhall, 1901)．メンデンホールは，このような単語の長さの最頻値 (mode) の違いを根拠に，「シェイクスピア=ベーコン説」は否定したものの，その後 1975 年に，Williams (1975) が，その違いは，韻文と散文の違いが表れただけであると指摘しており，いまだ決着はついていない．

以降も，『キリストにならいて』について，語彙の豊富さを意味する K 特性値に着目し，著者が聖アウグスティノ修道院の副院長のトマス・ア・ケンピス (Thomas à Kempis) であると指摘した研究 (Yule, 1944) や，ノーベル文学賞受賞作品である『静かなドン』についても著者の分析がされている (Kjetsaa, Gustavsson, Beckman, Gil, & Norvegica, 1984)．

2.3.3　日本における研究史

村上 (2016) によると，日本の計量文献学は，欧米に比べるとその始まりはかなり遅かったという．その理由として，日本語は漢字やひらがな，カタカナといった種類が多く，また文章に「分ち書き（単語間のスペース）」がないといった特徴がみられるほか，コンピュータによる日本語処理技術の開発が遅れたことなどが原因とされる．

本格的に日本語文献が計量分析されはじめたのは，1950 年代からのようである．日本においても，古典文学の作者に関する問題は存在しており，たとえば長編小説である『源氏物語』の作者は一般的には紫式部とされているが，作者については別人説や複数人説など諸説がある．たとえば，室町時代後期の学者であった一条冬良は，『世諺問答』などにおいて，『源氏物語』後半 10 巻の「宇治十帖」の作者は紫式部ではなく，その娘である大弐の三位であるといった説を唱えている．この作者問題に関して，1958 年に，安本美典が初めて統計的検定による検証を行っており，この研究が日本語における計量文献学の嚆矢とされている．安本 (1958) は，『源氏物語』の文の長さや名詞の使用頻度，助詞の使用頻度などの項目について調査し，統計的検定によって「宇治十帖」の作者が

紫式部である可能性が低いと結論付けている。『源氏物語』に関しては，その後も計量文献学的研究がいくつかなされている（村上・今西，1999；土山，2016）。

文学作品に関する最近の研究としては，上阪 (2016) が，江戸時代前期における井原西鶴の浮世草子に関する計量分析を行い，西鶴没後に出版された遺稿集5作品のうち，第4遺稿集『万の文反古』を除く，遺稿集4作品が西鶴によって執筆された可能性が高いと結論付けている。また，孫・金 (2018) は，川端康成の小説『花日記』の代筆疑惑について，機械学習による検証を行っている。文字・記号や品詞の bigram（bigram については，37 頁や 41 頁参照），文節パターンに着目した分析の結果から，小説『花日記』は，川端康成と中里恒子の共同執筆によるものと結論付けられている。さらに，川端康成の作品『山の音』も，三島由紀夫による代筆疑惑が浮上していたものであるが，これについてはSun & Jin (2017) によって否定されている。

日本の宗教関連の書物に関する計量分析については，鎌倉時代の仏教者日蓮の作とされていた5編の文献（『三大秘法禀承事』『聖愚問答鈔』『生死一大事血脈鈔』『諸法實相鈔』『日女御前御返事』）に関する真贋判定が挙げられる（村上・伊藤，1991）。分析では，単語の使用率や文の長さ，品詞の使用率などの文体的特徴に着目し，階層的クラスター分析や主成分分析などの多変量データ解析を実施している。その結果によると，『三大秘法禀承事』と『日女御前御返事』は日蓮によるものである可能性が高いものの，他3編については贋作である可能性が高いといった結果が得られている。ちなみに，この研究は日本で最初にコンピュータを積極的に利用した日本語文献研究であるとされている（村上，2016）。

2.4　計量文体学

コーパスや文献といった分析対象に限らず，文章内の文体の分析を行う場合は，計量文体学 (Stylometrics) と呼ばれる。

たとえば，金 (1997) は，日記を分析対象として，助詞の分布に着目することで著者の識別が可能であることを示している。また，金・樺島・村上 (1993a) では，同様に日記を分析しているが，手書きによる文章とワープロによる文章の

文体的特徴を比較検討している。両者の相違は，実務において犯罪に関与する文章を分析する際においても重要である。以下に，報告内容をまとめる。

手書き文章とワープロ文章の比較結果（金・樺島・村上，**1993a**）
① 漢字の使用率に両者で違いはみられなかったものの，難しい漢字はワープロで比較的多く用いられる。
② 文の長さの平均値に相違はみられなかった。
③ 6名中5名において，ワープロの方で文章量が多かった。
④ 品詞の使用頻度についても，両者で違いはみられなかった。

この研究結果をみると，手書きの文章とワープロによる文章は，文体的特徴上の相違はあまりないようである。

また，最近では，携帯電話も普及していることから，Tanaka & Jin (2014) は，携帯電話における電子メールを対象とした著者識別研究を行っている。この研究では，従来から分析に用いられていた文章上の文体的特徴（総文字数や漢字，ひらがななどの文字数など）に加えて，電子メール内の絵文字や顔文字をその機能に基づいて分類し，それらの特徴も含めたさまざまな組合せの特徴について分析している。その結果によると，すべての特徴を用いることで，最も著者識別の成績が良いことが示された。つまりは，絵文字や顔文字といった特徴も著者を識別する上で有効であると考えられている。

2.5 社会言語学

2.5.1 社会言語学とは

社会言語学 (Sociolinguistics) は，1960年後半から1970年前半あたりに，欧米において発展してきた学問で，従来の言語学とは異なり，言葉が使われる文脈や社会的要因などの存在を受け入れ，人間集団である社会と言語の関係性を積極的に探る分野である（東，1997；岩田・重光・村田，2013）。したがって，社会言語学では，人種や地域，階級，性別，年齢などのさまざまな社会的要因と

言語の関係性を検討する。具体的には，地域ごとの方言に関する研究や敬語・謙譲語のように相手の立場によって使い分ける言語の研究などがある。

この社会言語学は，本書で後述するところの「著者プロファイリング」に密接に関連する分野といえる。以降では，社会言語学の中でも，性別と言語または年齢と言語に関する知見を紹介する。

2.5.2 性別と言語に関する研究

性別と言語の関係性については，書き言葉よりも，話し言葉を中心として広く研究されているようである。本書は，日本語の書き言葉中心に扱っていることから，日本語の書き言葉に関連した研究を紹介する。

荻野 (2014) は，「オレ」や「ボク」と一緒に使われる語（共起語）を男性語的，「アタシ」との共起語を女性的と設定し，インターネット上で「オレ，ボク，アタシ」との共起語を数え上げている。その結果によると，「女性語的」語として「あらまあ」「かわいい」「とっても」「いっぱい」などかわいらしい語が抽出されたのに対して，「男性語的」語には「お袋」「腹一杯」「丼飯」など俗語的特徴が多くみられたとされる。このことから，性別によって使用される単語が異なる傾向があることがわかる。ラム (1998) によると，日本における男女の言葉の違いは，中世以前にはほとんど観察されていなかったものの，室町時代に入り，女房詞（京都の宮廷に奉仕する貴族階級の女性）という女性語として明確な形で登場したという。

上記の例は単語の性差についてであったが，使用する品詞について性差はみられるのであろうか。島崎 (2007) は，新聞の投書欄を分析対象として，表現内容や表現形式の性差について検討している。報告によると，女性は，動詞や形容詞，副詞の使用率，和語（ひらがな）の割合が高かったという。他方，男性については，名詞の使用率が高く，漢語（漢字）の割合が高かったとされる。文の長さについては，性別の違いはみられていない。

このような知見は，文章から性別を推定するといった著者プロファイリングを行う上でも重要であると考えられる。

ちなみに，日本では，「日本語」を媒介としてジェンダー問題を議論していくことを目的として，2001 年に「日本語ジェンダー学会」が創設されている。

2.5.3 年齢と言語に関する研究

年齢と言語の関係に関する研究成果として，40代の男性は，より標準的な発音や文法を使用する傾向があり，逆に20代や70代以上の男性になると非標準的な発音や文法を使用する傾向がみられるといった研究がある (Holmes, 2008)。Holmes (2008) によれば，ニュージーランドにおける30歳から55歳の男性は，標準的な社会基準に合わせるよう社会的な圧力を感じていることから，より標準的な発音や文法になるとされている。同様に，土地固有の言葉を使用する割合も，この時期が最も少ないとされる。この知見によると，中年男性は，言葉使いに特徴があまりみられない傾向があるともいえる。

日本語における年齢と言語の関係については，若者ことばや高齢者が用いることばに関する研究がある。たとえば，日本の若者が使うことばの特徴として，①省略語（「ゲームセンター」→「ゲーセン」など），②逆さことば（「本物」→「モノホン」など），③人物俗語（「アッシー君」など），④強調語（「超〜」など），⑤KY式日本語（「空気が読めない」→「KY」など）が挙げられる（岩田・重光・村田，2013）。他方，高齢者の用いることばについては，①おかしなカタカナ語の発音（「NTT」を「エヌテーテー」など），②古風なことば（若者がほとんど使わない「えもんかけ」「手ぬぐい」など）といった特徴が挙げられている（田中・田中，1996）。

犯罪者の年齢は，若者や高齢者に限らず，10代から70代など幅広いものの，先行研究を概観すると，10代から70代などの幅広い年齢幅を対象に，文体的特徴の変化を研究したものはあまり見受けられない。

第3章　テキストマイニング概要

3.1　テキストマイニングとは

3.1.1　データサイエンスとテキストマイニング

　コンピュータやインターネットの普及にともない，データは爆発的に増え続けており，今日，われわれ人類はデータの山の中に埋もれて生きているといっても過言ではない。インターネット自体は，すでに巨大な知識の集合体となり，世界のあらゆる人々が携帯電話やスマートフォン片手に繋がる時代となっている。電子メールをはじめ，Facebook や Twitter，LINE といった SNS (social networking service) を通じてのやりとりは，大量の文字情報として蓄積されている。一方，サイバー空間から離れたとしても，街中を歩けば防犯カメラによって顔情報が取得され，買い物をすればオンラインで購買履歴などが記録される時代である。

　このようないわゆるビッグデータと呼ばれる大規模データにわれわれが支配されている昨今，データサイエンスという学問領域がみられ，その用語以上にデータサイエンティストといった職業さえも出現している。データサイエンスとは，「数学や統計学，情報工学といった学問分野の知見とともに，データマイニングやテキストマイニングといった技術を用いて，蓄積され続けているものの，整理されずに乱雑となっている膨大なデータから，本質的で貴重な知識を探し出す学問領域」のことである。データサイエンティストは，すでにさまざまな場面で社会に浸透しはじめているようである。たとえば 2012 年は，「ビッグデータ元年」と呼ぶのにふさわしいほど，ビッグデータの一般社会へ及ぼす影響が認知された年であったという（樋口, 2013）。米国では，オバマ大統領の

選挙運動に数十人のデータサイエンティストが雇われ，データの分析を駆使した新しい選挙手法によって，再選に多大な影響を与えたとされている。データサイエンスに欠かせない分析技術に，データマイニングやテキストマイニングが挙げられるが，次にテキストマイニングと言語の分析についてみていく。

　以前の言語学者は，文献上の文章を分析する際には，すべて手作業によって集計していたものであるが，最近ではコーパスと呼ばれる電子化された言語資料を扱うことで，集計作業などをより迅速に行うことが可能となっている。また，分析技術についてもその発展は目覚ましく，文字情報の分析に関しては，テキストマイニングと呼ばれる技術が台頭してきた。石田・金 (2012) によると，テキストとは，「文字列で記述された文書・文章，文字列で記述された遺伝情報，情報処理分野のアクセス情報を記号列で記述したログ情報，音楽の音符を記号列で記述したもの」を指し，「マイニング」というのは，鉱山を採掘することを意味する。そこから，テキストマイニングは，「小説，新聞，メール，日記，ブログ，報告書，演説文などの定型化されていない，自由に記録されたテキストデータから情報や知識を探し出す技術（金，2009a)」とされている。本書で紹介する計量的文体分析も，テキストマイニングが関連する。たとえば，文章内の1つの文体的特徴（読点の打ち方など）に着目して分析するとしても，場合によっては数千もの変数を扱う。そのようなデータをただ眺めたところで，情報を得ることはできないため，その大量の変数を圧縮するなどして，視覚的に人間に理解しやすい形にすることが求められるのである。テキストマイニングという用語は，1990年代中頃から用いられるようになったが，それ以前の1990年代初頭には，データマイニングと呼ばれる技術が登場している。テキストマイニングが非定型化データを扱うのに対して，データマイニングは，定型化されたデータベースから，特定のパターンや傾向，知識を取り出す技術のことで，「テキストマイニング」という用語は，このデータマイニングという用語から派生したものとされる。また最近では，学術用語として「テキストアナリティクス」と呼ばれることもある（金，2018)。

　続いて，さまざまな場面に応用したテキストマイニング研究を概観する。

3.1.2 テキストマイニングの応用研究

(1) 多種多様な応用分野

テキストマイニングは，主に実用的な応用場面において研究され，政治，金融，言語学，心理学，教育学，宗教学，マーケティング，医療など幅広い分野で活用されている。応用分野については，石田・金 (2012) にさまざまな分野の事例がまとめられている。まずは，この中からいくつかを紹介する。

マーケティング分野の例として，インドネシアの情報を日本語で伝えている『じゃかるた新聞』のキーワードを分析し，インドネシアにおける二槽式洗濯機のニーズを検討した研究が挙げられる（杉浦，2012）。この分析によって，インドネシアでは，井戸用ポンプや水質浄化の需要が多く，そのために全自動式洗濯機よりも二槽式洗濯機の需要が高かったことから，今後 2, 3 年は二槽式洗濯機の需要が継続すると予想されたという。ただし，インドネシアでは，上下水道インフラ整備が強化され，水道普及率の向上が図られていることから，それにともない自動式洗濯機が普及するであろうと結論付けている。このように，今後のシェア拡大のためのマーケティングは，新製品開発とともに非常に重要な観点といえよう。

また，樋口 (2012) は，教育に関する社会調査にテキストマイニングを用いている。調査内容は，「学歴の高い母親ほど，自分の子どもが「大学になんとなく進学すること」に対して寛容であるのか」を調査したもので，自由回答を基に対応分析を実施している。その結果によると，大学卒業の学歴をもつ母親の賛成理由として，「いろいろ」，「経験」，「出会う」などの語が特徴的で，そこから「多様な経験を通じて，自分の道を見いだしていく過程への評価ないし期待が読み取れる」としている。

日本に甚大な被害をもたらした東日本大震災に対する情動反応を，Twitter を通して分析するといった試みもされている（三浦，2012）。この研究では，①地震発生 30 分後からの 40 時間と②地震発生 2 週間後からの 40 時間の 2 つの時期におけるツイートの感情語を時系列的に分析にしている。その結果からみえてきた心理状態として，不安感情が突出している反面，時間経過とともに不安感情が減衰していった状況が確認できたという。この研究では，まさにビッグデータといえる数十万というツイート数を分析対象としており，心理学分野に

おいても10数年前には考えられないような分析が可能となっている。

(2) 犯罪等の関連分野

次に，司法・犯罪心理学分野に関連したテキストマイニング研究を概観する。

わが国では，2009年から裁判員制度が導入され，特定の刑事裁判において，選出された有権者が裁判員として，裁判官とともに審理に参加することとなった。このことから，量刑に影響する要因など，裁判員の心理分析の重要性が増している。法心理学と呼ばれる分野では，裁判に関連した心理学的研究が散見される。神田 (2013) は，死刑および無期懲役における判決文を基に，その量刑理由について，共起ネットワークや多次元尺度法による分析を行っている。同じく判決文の分析を行った堀田 (2011) は，裁判員制度のキャッチフレーズ「私の視点，私の感覚，私の言葉で参加します」といった市民の視点や感覚が実際どこまで裁判員裁判に反映しているのか，テキストマイニングによって検討している。また，事件の報道の仕方やその推移が裁判員へ影響することも視野に入れ，ブログを対象に共起ネットワークと階層的クラスター分析を行うといった研究もみられる（上村・サトウ，2010）。

裁判といった場面を離れると，テキストマイニングを適用した犯罪関連の研究は意外と少ないようである。そのような中，緒方康介氏は，児童心理司として勤務するかたわら，P-Fスタディという心理テストを介して，非行児の言語反応を分析する研究（緒方，2017）をはじめ，事件や事故で死亡した者の遺族における想いを把握するといった研究（緒方・西・前田，2010）や，日本犯罪心理学会が発刊している『犯罪心理学研究』の題名を基に，犯罪心理学の半世紀にわたる変遷を分析するといった非常にユニークな研究（緒方，2015）に取り組んでいる。以降では，この3つの研究を紹介する。

P-F (picture-frustration) スタディとは，1940年代にワシントン大学のローゼンツァイク (Saul Rosenzweig) により開発された心理テストの一種で，欲求不満状況に対する言語反応に基づいて，受検者のパーソナリティ傾向を査定する目的で使用される。このテストでは，日常生活における24の欲求不満場面が描かれた絵画を提示し，描かれている人物を同一視し，吹き出しの中に文章を書き入れる形式で行われる。文章を書き込むのであるが，非行児の場合は，言語能力の低さという問題があるとされる。また，P-Fスタディでは通常，書き

込まれた言語反応をスコアリングするのであるが，そのために実際は文章が隙間なく記載されていようが，単語がひと言だけなぐり書きされていようが，同じ反応として評定されるという問題があった。そこで緒方 (2017) は，P-F スタディに書き込まれた文章そのものをテキストマイニングにより分析し，非行児の群と対照群（非行行為が確認されていない児童）の比較を行った。その結果，対照群に比べて，非行群において，「嫌」・「なんで」などの言語表現が有意に少なく，「買う」といった回答が多かったなどの結果が得られ，P-F スタディにおいても，非行群と対照群に違いがみられている。

また，緒方・西・前田 (2010) は，事故や自殺，他殺による死亡者の遺族が何を思い，何を感じているのかを把握すべく，自由記述式による司法解剖に関する要望欄の回答を基に，テキストマイニングを行っている。キーワードから抽出された 11 の主題を基に，多次元尺度法と階層的クラスター分析を行った結果，遺族の司法解剖への想いとして，「法医学者への感謝」，「解剖結果の説明要求」，「解剖への苦情」といった 3 つのクラスターが見出されている。

緒方 (2015) では，犯罪心理学という学問の半世紀にわたる変遷や領域の相違を検討するために，日本犯罪心理学会発行『犯罪心理学研究』の論題を分析対象として，多重対応分析による検討を行っている。分析結果によると，犯罪者や非行少年の資質解明を伝統としたテーマから，一般人を対象とした研究論文が増加しており，研究テーマの多様化が見受けられたほか，かつては少年鑑別所などの矯正領域に偏っていた犯罪心理学の研究論文も，近年は児童福祉機関や警察機関による研究論文が増加する傾向がみられたと報告している。

以上のように，テキストマイニング研究は多種多様であるが，分析過程はおおむね共通している。続いては，テキストマイニングの分析の流れを概観する。

3.1.3　テキストマイニングの分析の流れ

テキストマイニングは，おおよそ図 3.1 に示す過程を経て実施する。

(1) 問題設定

テキストマイニングに限らないが，研究を行うためには，その目的を明確にする必要がある。大枠で考えると，現象に関する構造を知りたいのか，分類を主な目的とするのか，はたまた未知のデータを予測するモデルを構築するのか

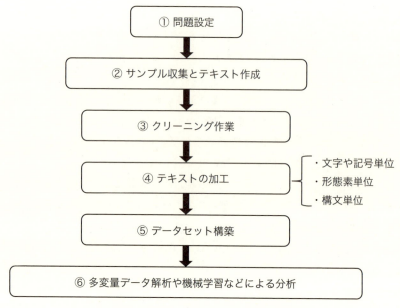

図3.1 テキストマイニングの分析過程

といった研究の方向性が明確でなければ何も進まない。

　研究目的が明確になれば，次は収集するサンプルを決めることとなろう。たとえば，本書の調査研究では，「犯罪の動機を分類する」名目の研究を行っているが，このような場合は，犯罪者が述べた動機に関する記述がある文章（たとえば，新聞記事や警察などで保有する事件資料など）を収集する必要が考えられよう。

　問題設定が明確になれば，分析手法も同時に選択することができるはずである。ある現象についての構造化や分類をして，複雑な事象の説明を重視したいということであれば，多次元尺度法や階層的クラスター分析といった多変量データ解析を用いることとなり，予測モデルの構築ということであれば，後述するサポートベクターマシン（Support Vector Machine; 以下，SVMとする）やランダムフォレストといった機械学習を採用することが多いと思われる。本書は，「著者識別」の手法で多変量データ解析を用いて，「著者プロファイリン

グ」において機械学習を用いたが，その理由については詳しく後述する。

(2) サンプル収集とテキスト作成

　上記の目的に沿って，サンプルを収集することとなるが，電子メールや電子掲示板，電子資料であるコーパスなどについては，すでに電子化されており，テキスト形式のファイルに変換するのは容易である。一方で，書籍や印字文書などの場合は，それを電子化した上でテキストを作成する必要がある。

　最近では，イメージスキャナやデジタルカメラで書籍や印字文書などを読み取った後に，いわゆるOCR（光学的文字認識）によって，コンピュータ上で利用できる文字コードに変換することが比較的容易にできるようになってきた。

　ただし，100％の認識能力があるかは不明であり，OCRで取り込む場合であっても，取り込んだ後のテキスト上の文章と元サンプルを照合し，確認する作業は必要といえる。

(3) クリーニング作業

　分析に必要のない記号や文字列を取り除く，または間違った文字列を修正するといった作業をクリーニング作業という。

　たとえば，本書で紹介する調査研究では，「放火犯の動機分類」を行ったが，その分析過程において，「こと」など意味を持たない名詞を削除する，また「○○だから放火した。」など，動機に関連しない「放火」，「火」の箇所については除外するといった作業をしている。また，「鬱憤」，「うっぷん」，「うっ憤」を「鬱憤」に，「いらいら」や「イライラ」を「イライラ」に統一するといったクリーニング作業も施している。

　ただし，「著者識別」を目的とした場合は，クリーニング作業は極力しない方がよい。なぜならば，著者を識別するのに重要な語を分析者の意図で修正してしまえば，意味がなくなってしまうからである。

(4) テキストの加工

　分析の際に着目する文体的特徴に合わせてテキストを加工する。文字や記号単位であればそのままのテキストでよいが，品詞や単語などの単位を分析するには品詞情報を付加するなどの「形態素解析」が必要となり，文節などの単位を分析するには「構文解析」が必要となる。

　形態素解析と構文解析については，詳しく後述する。

(5) データセット構築

テキストを準備できたら，次に何らかの文体的特徴に着目し，その文体的特徴に関するデータセットを作成する．たとえば，20のテキストがあり，このテキストの漢字・ひらがな・カタカナ・ローマ字・数字の使用率に着目した場合は，20テキスト×5変数（漢字・ひらがな・カタカナ・ローマ字・数字）のデータ行列ができる．

文体的特徴の種類については，次節「文体的特徴」で詳しく説明する．

(6) 多変量データ解析や機械学習などによる分析

作成したデータセットを主成分分析や対応分析などの多変量データ解析やSVMなどの機械学習で分析するのであるが，本章の3.4節や3.5節で詳しく述べるとおり，それぞれの分析手法には特徴があることから，目的などに沿った適切な分析手法の選択が求められる．

3.2　テキストの加工作業とソフトウェア

3.2.1　形態素解析

「形態素」とは，意味を持つ最小の文字列単位のことを意味し，「形態素解析」とは，テキスト内の文章を形態素単位に分割し，品詞情報を付加するといった作業のことである．形態素と単語は正確には異なると考えられるが，本書では便宜上，形態素と単語を同義に扱う．

そもそも品詞とはどのようなもので，どのような形態素に分類されるのか．表3.1に，品詞の分類と形態素解析ソフト「茶筌」を用いた単語の例をまとめた．

いわゆる学校文法として習う品詞は，基本的にこの10種類である．ただし，「茶筌」であれば，上記の分類のほかに，接頭詞（「約」，「およそ」，「お（寒いですねえ）」など）や記号，フィラーといった分類がされるほか，名詞や助詞なども上記の分類よりも実際はより詳細である．

また，形態素解析ソフトによって，出力される分類結果が異なるため注意が必要となる．たとえば，「茶筌」以外の形態素解析ソフト「JUMAN」や「MeCab」であれば，「茶筌」と品詞体系が異なり，同一の文章を解析しても，出力される結果が異なる．そのため，その後の統計解析の結果も異なる可能性がある．

表 3.1 品詞の分類（形態素解析ソフト「茶筌」による例（浅原・松本, 2003））

		品詞種別	
単語（形態素）	自立語	動詞	（自立）「来る」，「する」，「信ずる」，「着る」など （非自立）「続く」，「行く」，「致す」など
		形容詞	（自立）「哀しい」，「楽しい」，「頼もしい」など （非自立）「～がたい」，「（て）ほしい」など
		形容動詞	「茶筌」では，「名詞－形容動詞語幹」に含まれる。
		名詞	（固有名詞）「（人名）山田」，「（組織）通産省」など （代名詞－一般）「それ」，「ここ」，「われわれ」など （形容動詞語幹）「健康」，「安易」など「な」の前に現れる語
		副詞	（一般）「多分」，「あいかわらず」など （助詞類接続）「こんなに」，「なにか」など
		連体詞	「この」，「いわゆる」，「何らかの」，「単なる」など
		接続詞	「けれども」，「そして」，「じゃあ」，「それどころか」など
		感動詞	「おはよう」，「さようなら」，「はい」，「いいえ」など
	付属語	助動詞	「ある」，「らしい」，「ない」，「だ」，「です」，「ます」など
		助詞	（格助詞－一般）「で」，「より」，「に」，「にて」など （係助詞）「こそ」，「さえ」，「すら」，「しか」など （終助詞）「かしら」，「ぜ」，「（だ）っけ」，「ねえ」など

表 3.2 に，例文「私にとっては非常に重要である。」を JUMAN と茶筌で解析した結果（金, 2009a）を示す。

本書の調査研究では，「茶筌」のみを用いた。「茶筌」を使うと，「名詞－代名詞－一般」のように下位分類が 3 層まで算出される。経験上，「著者識別」をする際には，詳細な品詞分類の方が判別の成績を高めることから，「名詞」や「助詞」といった第 1 階層のみの情報を扱うよりは，「名詞－代名詞－一般」や「助詞－格助詞－連語」といった第 3 階層までの情報を用いた方がよい。このことから，本書のほとんどの調査研究で第 3 階層までの情報を用いている。

形態素解析ソフトの多くがフリーソフトとして入手が可能であり，さまざまな種類が存在する。一般的に多用され，かつ後述する多言語テキストマイニングツールに実装されている形態素解析ソフト「JUMAN」，「茶筌」，「MeCab」の特徴を表 3.3 にまとめた。

表 3.2 「茶筌」(a) と「JUMAN」(b) による解析結果（金，2009a）

(a)「茶筌」による出力結果

私	名詞-代名詞-一般		
にとって	助詞-格助詞-連語		
は	助詞-係助詞		
非常	名詞-形容動詞語幹		
に	助詞-副詞化		
重要	名詞-形容動詞語幹		
で	助動詞	特殊・ダ	連用形
ある	助動詞	五段・ラ行アル	基本形
。	記号-句点		

(b)「JUMAN」による出力結果

私	普通名詞		
に	格助詞		
とって	動詞	子音動詞ラ行	タ系連用テ形
は	副助詞		
非常に	形容詞	ナ形容詞	ダ列基本連用
重要である	形容詞	ナ形容詞	デアル列基本
。	句点		

表 3.3 主な形態素解析ソフトの特徴

	JUMAN	茶筌 (ChaSen)	MeCab (和布蕪)
公開年	1992 年	1997 年	2002 年
中心 開発者	黒橋禎夫氏 河原大輔氏 (京都大学)	松本裕治氏 (奈良先端科学技術大 学院大学)	工藤拓氏 (現所属：google)
特徴	・品詞体系が，いわゆる益岡・田窪文法に沿っている。 ・ほか 2 つの解析器で未知語になるような固有名詞も対応可	・IPA 品詞体系で構築された IPADIC を使用	・IPA 品詞体系で構築された IPADIC を使用 ・処理速度が，茶筌や JUMAN に比べて高速

3.2.2 構文解析

　構文解析とは，文法規則に基づいて，文の構造を句や文節といった単位に分解・解析することであるが，日本語においては主に文節を中心にその係り受けの関係を解析することを意味する。

　文節とは，意味が理解できる単位に日本語の文章を分割したものである。たとえば，「一郎くんは次郎くんと2人で散歩に出かけた。」といった場合の文節の区切りは，以下のとおりとなる。

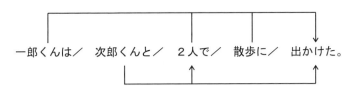

　構文解析ソフトで多用されるものとしては，「KNP」と「CaboCha（南瓜）」といったものがある（表3.4）。

　なお，NTT技術予測研究会・篠原(2015)によると，日本語の新聞記事を対象とした形態素解析が98%程度の精度を有しているのに対して，構文解析については90%程度の精度であることから，実用的に求められるレベルには達していないとされている。このようなこともあり，本書における調査研究では，構文解析は扱っていないが，今後精度が上がり実務に耐えうる解析が可能となれば，有用なツールとなりえるであろう。

表3.4　主な構文解析ソフトの特徴

	KNP	CaboCha（南瓜）
公開年	1993年	2001年
中心開発者	黒橋禎夫氏 河原大輔氏 （京都大学）	工藤拓氏 松本裕治氏
特徴	・JUMANをベースとしている。 ・webから自動的に獲得した大規模辞書に基づき，確率的に決定する。	・SVMを用いた係り受け解析を実施

3.2.3　テキストマイニングのためのソフトウェア

　テキストマイニングを行うためのツールとしては，KH Corder（樋口，2012；樋口，2014）をはじめ，さまざまなソフトウェアが存在するが，本書の調査研究では，金明哲氏が開発した多言語テキストマイニングツール MTMineR を使用している。

　使用方法など詳細の説明は，石田・金(2012)に譲るが，MTMineR は，「JUMAN」「茶筌(ChaSen)」「MeCab」が実装されており，形態素解析が可能であるほか，統計解析フリーソフトウェア「R」も実装されていることから，データセットの作成に続き，主成分分析や対応分析といった多変量データ解析や SVM やランダムフォレストなど機械学習による分析が可能となっている。

3.3　文体的特徴

　諸外国の著者識別研究を概観すると，次のような文体的特徴の分類が多い。

諸外国の研究における文体的特徴の分類

① **Lexical Features**

　　文字や単語を水準とした特徴
　　（例：文章内の全文字数，文字の使用率，単語の使用率，単語の長さ，アルファベットの使用率，特定の記号（%や&，+など）の使用率，語彙の豊富さ指標 Yule の K など）

② **Syntactic Features**

　　読点や句点などの記号や機能語（「though」，「where」，「your」など）の使用頻度

③ **Structural Features**

　　文書のレイアウトや段落内の文の長さ，文書内の段落の数，電子メールであれば冒頭のあいさつ文の有無など

④ **Content-Specific Features**

　　内容を表す用語である内容語など

⑤ **Idiosyncratic Features**
　　スペルミスや文法ミスなど

　諸外国における分類は，当然英語を基になされている。日本語は，英語とは異なる特徴があるとされている。たとえば，日本語には，漢字やひらがな，カタカナといった種類が多いことに加えて，文章に「分ち書き」がないといった特徴がみられる（村上，2016）。
　このことから，本書では，日本語の特徴に合わせた分類で文体的特徴に関する説明をすることとした。なお，文章は，最小単位である文字や記号からはじまり，文字が複数になることで意味をなす単語となる。また，単語が結合して文節，文節が結合して文となる。さらには，文が結合して段落となり，段落が結合して文章となる。そこで，本書では，3つの単位に分け，文字単位，形態素単位，構文単位といった分類で以降は文体的特徴の説明を行う。これは，多言語テキストマイニングツール「MTMineR」の「Data Format」の中の「Plain Text（平テキスト）」,「Tagged Text（形態素解析済のタグ付テキスト）」,「Parsed Text（構文解析済テキスト）」にそれぞれ相当する。文字単位は，「か」,「漢」,「ラ」,「%」,「。」などの文字を単位としている。形態素単位は，形態素解析を行った後の，「カメラ（名詞）」,「でも（接続詞）」,「に（助詞）」といった単語もしくは「名詞」,「接続詞」,「助詞」といった品詞を単位としている。構文単位は，構文解析を実施した後の，句や文節を単位として，係り受け関係を基にした特徴である。

3.3.1　文字単位

(1)　文字の n-gram

　n-gram というのは，文章内で隣接する n 個の記号の出現頻度を集計する方法である。また，n が1の場合は unigram, 2 の場合は bigram, 3 の場合は trigram と呼称する。3つのテキストにおける文字単位の n-gram の例を示す。

```
テキスト1:「たけやぶ焼けた」
テキスト2:「竹藪焼けた」
テキスト3:「竹やぶやけた」
```

文字単位の **n-gram** の例

- unigram（$n = 1$，文字の使用率，下記の出現頻度を集計）
  テキスト1 →「た」「け」「や」「ぶ」「焼」「け」「た」
  テキスト2 →「竹」「藪」「焼」「け」「た」
  テキスト3 →「竹」「や」「ぶ」「や」「け」「た」

- bigram（$n = 2$，下記の隣接している2連鎖の出現頻度を集計）
  テキスト1 →「たけ」「けや」「やぶ」「ぶ焼」「焼け」「けた」
  テキスト2 →「竹藪」「藪焼」「焼け」「けた」
  テキスト3 →「竹や」「やぶ」「ぶや」「やけ」「けた」

- trigram（$n = 3$，下記の隣接している3連鎖の出現頻度を集計）
  テキスト1 →「たけや」「けやぶ」「やぶ焼」「ぶ焼け」「焼けた」
  テキスト2 →「竹藪焼」「藪焼け」「焼けた」
  テキスト3 →「竹やぶ」「やぶや」「ぶやけ」「やけた」

⬇ データセットの作成

unigram（文字の使用頻度）の場合

	け	た	や	ぶ	焼	竹	藪
テキスト1	2	2	1	1	1	0	0
テキスト2	1	1	0	0	1	1	1
テキスト3	1	1	2	1	0	1	0

⬇ 各セルの度数を各テキストの合計で割って，相対度数に変換

3.3 文体的特徴

unigram（文字の使用率）の場合（単位は%）

	け	た	や	ぶ	焼	竹	藪
テキスト1	28.57	28.57	14.29	14.29	14.29	0	0
テキスト2	20	20	0	0	20	20	20
テキスト3	16.67	16.67	33.33	16.67	0	16.67	0

n-gram は，文字に限らず，単語や音素，音節，品詞，文節などさまざまなものに適用が可能である。Stamatatos (2013) によると，n-gram は文章の内容の影響を受けにくいといった頑健性を有しているほか，非常に数量化が容易であるといった利点を挙げている。日本語については，松浦・金田 (2000) が，bigram や trigram の著者識別における有効性を示している。

ただし，留意点として，文字の n-gram の場合，n が大きくなるほど話題内容の影響を受けやすくなる点が挙げられる。文章における話題内容の影響を最小限にするには，unigram や bigram を用いる，あるいはカットオフ値を設定する（つまり，出現頻度の低い文字を分析から除外する）などした後に，データセットを確認し，内容に依存する内容語が含まれているかどうかを事前に確認する必要があろう。

(2) 読点の打ち方（読点前の文字）

文章のクセをみると，「は」の後に読点をつける傾向の人もいれば，「が」の後に読点をつける傾向の人もいる。読点の打ち方には明確な基準がなく，自由度が高いことから，著者自身のスタイルが形成されやすいといえる。逆にいうと，読点の打ち方を検討することで，著者の識別が可能となってくる。日本語の読点の打ち方が著者の識別に有効であることは，金明哲氏の一連の研究が物語っている（Jin & Murakami, 1993；金，1994；金・樺島・村上，1993b）。

読点の打ち方は，集計が非常に容易であることに加えて，話題内容にあまり依存しないこと，また文章内で比較的出現頻度の高い特徴であることから著者識別には有効である。

参考までに，金 (1994) の読点前の「文字」や「品詞」ではなく，読点前の「形態素（単語）」に着目して，著者の識別力を比較したことがあるが，有意差はみ

られなかった。

　犯罪に使用される犯行声明文や脅迫文には，意図的に読点や句点を記載しないものもみられる。このような場合は，分析自体ができない。たとえば，後述の「黒子のバスケ脅迫事件」で使用された脅迫文には「読点」がほとんど使用されておらず，「読点の打ち方」を分析対象から除外している。金 (2016) によると，文章の中に読点は少なくとも数十回出現していることが分析の前提条件であるとされることから，短い文章を扱う場合には注意が必要であろう。

(3) 漢字・ひらがな・カタカナなどの使用率

　日本語は英語と異なり，漢字やひらがな，カタカナといった種別があるのが特徴である。新聞の投書欄（2006 年）に基づく調査（島崎，2007）によると，文章内における割合は，漢字で 35.0％，ひらがなで 58.1％，カタカナで 2.3％であったという。「社会言語学」の節でも述べたとおり，この割合は男女で異なるとされている。また，横山 (2017) によれば，1994 年の雑誌における割合は，漢字で 26.9％，ひらがなで 35.7％，カタカナで 16.0％であったという。新聞と雑誌を比較しても比率が異なることがわかる。さらに，横山 (2017) によると，この割合は，時代によって変化しているという。なお，金・樺島・村上 (1993a) によると，大学卒の社会人が書いた日記では，漢字の使用率は 25％前後であったという。

　漢字の使用率などが性別や時代で変化する可能性があることを示したが，同一の著者においても変化するものなのであろうか。金 (2012a) によると，同一著者であっても話題内容によって変化するようである。その例として，井上靖の小説が挙げられ，漢字の使用率はそれぞれ『結婚記念日 (32％)』『石庭 (31％)』『死と恋と波と (32％)』『帽子 (29％)』『魔法壜 (28％)』『滝へ降り道 (29％)』『晩夏 (31％)』と大差はみられなかったが，題材が中国であった『桜蘭』だけは 42％と明らかに漢字の割合が高かったという。

　漢字やひらがな，カタカナといった種別について上述したが，同時に数字やアルファベットの比率を加えて，分析することで著者識別の識別力が上がる場合がある。

(4) 文の長さ（文末までの文字数）

　文の長さとは，句点や疑問符などの文末までの文字数と定義される。この特

徴が提唱されたのは比較的古く，英語について言えば，著者が違うと文の長さの平均値が異なるようである (Sherman, 1888)．

ただし，金 (2012a) も述べているとおり，著者の識別に有効な場合もあるが，有力な特徴情報とはいえない．これについては，本書で紹介するブログサンプルを用いた調査研究においても，著者の識別力は非常に低かった．

3.3.2 形態素単位

(1) 品詞の n-gram

形態素解析を施した品詞情報についても，前述の n-gram が適用できる．以下には，形態素解析ソフト「茶筌」による例を示す．

```
テキスト 1：
 「竹やぶ(名詞)が(助詞)焼け(動詞)た(助動詞)」
テキスト 2：
 「竹やぶ(名詞)を(助詞)焼い(動詞)て(助詞)しまっ(動詞)た(助動詞)」
テキスト 3：
 「焼け(動詞)た(助動詞)竹やぶ(名詞)を(助詞)見(動詞)た(助動詞)」
```

- unigram ($n=1$，品詞の使用率，下記の出現頻度を集計)
  テキスト 1 →「名詞」「助詞」「動詞」「助動詞」
  テキスト 2 →「名詞」「助詞」「動詞」「助詞」「動詞」「助動詞」
  テキスト 3 →「動詞」「助動詞」「名詞」「助詞」「動詞」「助動詞」

- bigram ($n=2$，下記の隣接している 2 連鎖の出現頻度を集計)
  テキスト 1 →「名詞+助詞」「助詞+動詞」「動詞+助動詞」
  テキスト 2 →「名詞+助詞」「助詞+動詞」「動詞+助詞」…
  テキスト 3 →「動詞+助動詞」「助動詞+名詞」「名詞+助詞」…

- trigram ($n=3$，下記の隣接している 3 連鎖の出現頻度を集計)
  テキスト 1 →「名詞+助詞+動詞」「助詞+動詞+助動詞」

テキスト2 → 「名詞+助詞+動詞」「助詞+動詞+助詞」…
テキスト3 → 「動詞+助動詞+名詞」「助動詞+名詞+助詞」…

↓ データセットの作成

unigram（品詞の使用率）の場合

	動詞	助動詞	助詞	名詞
テキスト1	1	1	1	1
テキスト2	2	1	2	1
テキスト3	2	2	1	1

↓ 各セルの度数を各テキストの合計で割って，相対度数に変換

unigram（品詞の使用率）の場合（単位は%）

	動詞	助動詞	助詞	名詞
テキスト1	25	25	25	25
テキスト2	33.33	16.67	33.33	16.67
テキスト3	33.33	33.33	16.67	16.67

　日本人における一般的な品詞の使用率(unigram)は，どのような分布なのであろうか。2006年の新聞の投書欄における品詞の使用率を調査した島崎(2007)によると，名詞で56.9%，動詞で29.8%，形容詞で3.4%，形容動詞で3.2%，副詞で3.7%といった結果が得られている。また，新聞や小説，短歌，俳句などの品詞の構成比を調査した樺島・寿岳(1965)によると，その構成比は書かれる媒体によって異なるようである。特徴として，話し言葉の場合は，名詞が少なく，形容詞類と感動詞類が多いのに対して，書き言葉では，名詞が多く，形容詞類は少なく，感動詞類にいたってはほぼなくなるといった特徴がみられたという。
　品詞のunigramを用いた著者識別研究としては，安本(1958)の『源氏物語』の「宇治十帖」の著者に関する研究が挙げられる。この研究では，名詞や助詞，助動詞の1,000文字あたりの使用頻度を特徴として用いている。最近では，井

原西鶴の作品を分析した上阪 (2016) も，10 の品詞における使用率を用いて分析を行っている。品詞の使用率が著者によって異なるというのは，樺島・寿岳 (1965) の作家に関する研究でもみられる。彼らによると，作家 100 名の作品の名詞の使用率が平均で 50.6% であったのに対して，井伏鱒二の 4 作品の名詞使用率は 54.9% と明らかに高い値を示したとされる。

また，金 (2004) は，品詞の bigram などの分布が著者の識別に有効であったと報告している。品詞の bigram については，本書でも後述するとおり，他の文体的特徴と比較しても識別力が高いことが実証されている。

(2) 単語（形態素）の n-gram

次の特徴は，品詞をさらに詳細に分類した単語である。同じ名詞であっても，「カメラ」，「電話」，「うさぎ」など，助詞ならば「て」，「の」，「かも」など，さまざまな単語が存在する（形態素と単語は正確には異なると考えられるが，本書では便宜上，形態素を単語と呼称する）。

機能語 (function words)

著者識別を実施する際は，内容に依存する文体的特徴を用いるのは好ましくない。たとえば，「猫」，「暑い」，「走る」といった単体で意味を有する語を使用することは避けるべきであろう。むしろ，著者識別研究では，話題内容に依存しない「機能語」が好まれる。「機能語」とは，文法的な機能や役割を持つ語であり，英語でいうところの前置詞，接続詞，助動詞，冠詞などの語に相当する。機能語を用いた研究としては，Tweedie, Singh, & Holmes (1996) が，「an」，「any」，「can」，「do」，「every」などの機能語を用いたニューラルネットワークによって，『連邦主義者の論説』の著者識別を試みている。

内容語 (content words)

前述した「猫」，「暑い」，「走る」といった名詞や動詞，形容詞など，それだけで語彙的意味を有し，文法的な機能をほとんど持たない語を「内容語」と呼ぶ。著者識別研究では，文章に書かれた話題内容で分類するのではなく，著者の用いる文体的特徴や文章の構造で著者を識別することを目的としているため，基本的には内容語を含めて分析することはあまりない。

一方で，話題内容に関心がある場合は，名詞などの内容語を中心に分類する。本書の調査研究 10 から 12 では，犯罪における犯行動機を分類するといった研

究を紹介するが，この場合は被疑者が述べた犯行動機に関する内容を分析するので，名詞のみを抽出して分類している。

助詞の n-gram

そもそも「機能語」という用語は，英語圏から生まれた用語である。前置詞や冠詞といった品詞が機能語とされるが，日本では前置詞や冠詞は存在しない。一方，日本語の助詞や助動詞は，「機能語」に相当する。助詞については，品詞の中でも使用率が3割から4割程度と高い上に，約20種類前後が通常使用され，かつ文章の話題内容の影響を受けにくいことから，著者識別に向いている特徴とされる。

金明哲氏は，一連の研究を通じて，助詞の n-gram の有効性を見出している（金，1997；金，2002a；金，2002b；金，2003）。たとえば，金 (2002a) は，日記と作文を題材に，助詞の n-gram を n=1 から4まで変化させ，著者の判別率を比較している。具体的には，unigram であれば，「の（接続助詞）」，「と（格助詞）」，「に（格助詞）」などであり，bigram であれば，「は（副助詞）+の（接続助詞）」，「の（接続助詞）+を（格助詞）」などである。その結果によると，日記・作文ともに助詞の bigram で98%，作文における助詞の trigram に至っては99.09%の判別率を得ている。

非内容語の使用率

財津・金（2017a；2017b；2018a）は，単独で話題内容を意味する単語を除いたそれぞれの語を「非自立語」と定義し，著者の識別力を他の文体的特徴と比較検証した。その結果によると，非自立語は最も高い識別力を有していた。このことから，本書の調査研究においても用いるが，「非自立語」という名称は語弊があるため，本書では，同じ文体的特徴を「非内容語」と呼称して使用する。定義は，次のとおりである。

非内容語は，単独で話題内容を表す名詞・動詞・形容詞の内容語（「電話」「歩く」「高い」など）を除いた品詞別単語とし，副詞，助動詞，助詞，（内容語を除く）動詞，代名詞，（内容語を除く）形容詞，連体詞，感動詞，記号，接続詞，接頭詞を指す。このように，「非内容語」は，「機能語」よりも概念の幅が広い。

具体的には，「それ（代名詞）」，「られ（動詞）」，「とても（副詞）」，「ば（接続助詞）」，「よ（終助詞）」，「れ（助動詞）」，「お（接頭詞）」などの使用率であ

り，内容語を除いた単語の unigram といえる．

文末語（句点前の単語）の使用率

村上・今西 (1999) は，『源氏物語』54 巻の成立順に関して，助動詞（26 単語）の使用率を用いた分析を行っている．また，土山 (2016) は，同じく『源氏物語』を題材として，こちらは著者の識別を行っており，その中で助動詞の単語に着目している．その結果によると，「けり」，「べし」，「ごとし」といった助動詞の単語が著者の識別に有効であったとされている．

このように，著者識別に有効な助動詞は，文末に出現する傾向がある品詞なのかもしれない．また，前述したとおり，読点前の文字といった特徴が著者の識別に有効であるとされている．これらのことから，財津・金 (2018b) では，句点前の単語に着目し，文末語の使用率が著者識別に有効かどうか検討している．文末語とは，具体的に「た（助動詞）」，「ます（助動詞）」，「いる（動詞）」，「ある（動詞）」，「ね（終助詞）」，「なあ（終助詞）」などの単語である．この研究では，主成分分析や多次元尺度法，対応分析，階層的クラスター分析を実施するとともに，本書で後述するスコアリングルールを用いて，すべての分析結果に得点を付与するといった方法で，非内容語の使用率や品詞の bigram，読点の打ち方などの文体的特徴における得点を比較検討している．

表 3.5 に，文体的特徴別の効果量と AUC (Area Under the Curve) の結果を示す（両者の指標についての詳細は後述の 3.6.3 項および 3.6.4 項参照）．この結果によると，「文末語」は，非内容語の使用率や品詞の bigram に次いで，著者の識別力が高かった．

ただし，留意点として，財津・金 (2018b) では，ブログといった比較的自由度が高い状況で記載された文章をサンプルとして使用していたため，このよう

表 3.5 文体的特徴別の効果量と AUC（財津・金 (2018b) を一部改変の上作成）

	効果量（95%信頼区間）	AUC（95%信頼区間）
文末語の使用率	1.84 (1.51, 2.18)	0.89 (0.85, 0.94)
非内容語の使用率	3.05 (2.64, 3.46)	0.96 (0.93, 0.98)
品詞の bigram	2.94 (2.54, 3.34)	0.96 (0.94, 0.99)
読点の打ち方	1.18 (0.88, 1.48)	0.79 (0.73, 0.85)
助詞の bigram	0.97 (0.68, 1.27)	0.75 (0.68, 0.81)

な結果が得られたと思われるが，文末語は「である」調が求められる論文などの定型的な書式に多大な影響を受けることは容易に想像できよう。

(3) 単語の長さ（文字数）

「計量文献学」の節で，メンデンホールが，シェイクスピアの戯曲に関して，単語の長さの分布を基に計量分析を行ったことは述べたが，単語の長さに関しては，その後もいくつか研究がみられる（Brinegar, 1963；Mosteller & Wallace, 1963）。

翻って，日本語に関しては，金 (1995) が，文学作品における「動詞の単語の長さ」と従来から分析に使用されている文体的特徴（読点の打ち方，品詞の使用率，文の長さ，漢字などの使用率）を比較検討している。その結果，読点の打ち方に次いで，動詞の単語の長さで，識別力が高かったとしている。また，金 (1996a) では，動詞以外にも，名詞や形容詞，形容動詞，助詞，助動詞，副詞の長さも含めて比較検討した結果，やはり動詞の単語の長さが最も著者を識別するのに有効であったと結論付けている。

ただし，本書の調査研究 4 においては，動詞の長さはあまり有効でなかったことから，今後も検討が必要であると考えられる。

(4) 語彙の豊富さ

同じ程度の単語数が用いられた文章であっても，その中の単語の種類が豊富であれば，語彙が豊富で表現に多様性があるといえよう。このような語彙の豊富さに関する指標が，従来から文章の計量分析の分野では古くから用いられ，諸外国の著者識別研究で多用されてきた。代表的なものを表 3.6 にまとめた。

文章内の総単語数を「延べ語数 (N)」，単語の種類を「異なり語数 (V)」，文章内で m 回使用された語数を $V(m, N)$ とし，表 3.6 の計算式に当てはめることで語彙の豊富さを算出することができる。たとえば，下記の指標で最も有名な Yule の K であれば，値が小さいほど語彙が豊富であることを意味する。

なお，諸外国では，著者識別の際に用いる特徴として，Yule の K が使われることが多いが，日本の研究ではあまりみられない。金 (2009a) によれば，これらの指標は，文章の量が少ない場合は，安定した結果が得られない傾向があり，著者を識別する際には複数の指標を同時に用いた方が好ましいとされる。また，鄭・金 (2018) は，11 種類の語彙の豊富さ指標を比較したところ，Somers の S

表 3.6 語彙の豊富さによる著者識別

考案者	計算式
Yule (1944)	$K = C \left[-\dfrac{1}{N} + \displaystyle\sum_{m=1}^{m_{max}} V(m,N) \left(\dfrac{m}{N} \right)^2 \right]$
Simpson (1949)	$D = \displaystyle\sum_{m=1}^{m_{max}} V(m,V) \dfrac{m}{N} \dfrac{m-1}{N-1}$
Guiraud (1954)	$R = \dfrac{V}{\sqrt{N}}$
Herdan (1960)	$C = \dfrac{\log V}{\log N}$
Somers (1966)	$S = \dfrac{\log(\log V)}{\log(\log N)}$
Honoré (1979)	$H = \dfrac{100 \log N}{1 - \dfrac{V(1,N)}{V(N)}}$

で文の長さに影響しないなど，最も安定した指標であることが示されている。

(5) ミステイクとエラー，そして表記と送り仮名

文章上の個人を識別するための特徴として，Idiosyncratic Features といったものが挙げられる。これはスペルや文法上の誤りを意味するが，言語学的観点によると，ミステイク (mistake) とエラー (error) に分類できるとされる (Coulthard & Johnson, 2007)。

ミステイクの例を挙げると，「the」を「teh」，あるいは「ing」を「ign」と書くといったものがある。これらの誤りは，たまたまの誤りで自己修正が可能であるとしている。このことから，著者を識別する上で重要な誤りとはいえないようである。

これに対して，エラーは，花の名前である「anemone（アネモネ）」を「anenome（アネノメ）」と書くなど，学習者がそもそも誤った知識を獲得している場合を指している。このことから，エラーは，同一著者の文章内に何度も同様の誤りが観察されるといった一貫性を有している。

英語では，スペルに関する誤りといったものがみられるが，日本語でエラーに相当する代表として，送り仮名が挙げられよう。たとえば，「生きる」が正し

いところを「生る」,「短い」を「短かい」と誤って記載する者もいるかもしれない。これらの誤りは，記載した人物が誤って学習した結果として生じることが多く，一貫性を有することからエラーに該当するといえる。ただし，この特徴は，正しい送り仮名を学習している場合はエラーとして生じないことから，教育水準の高い人物を分析対象とした場合はあまり観察されないであろうといったことも予想できる。このことから，送り仮名の誤りについては，常に著者識別に有効な文体的特徴というわけではないと思われる。

　一方で，日本語は，正しい単語であっても，「行なう」や「行う」,「浮かぶ」や「浮ぶ」といった複数の送り仮名や「こども」,「子ども」,「子供」といった複数の表記方法を有する場合がある。このような特徴に着目した唯一の著者識別研究として，真栄城・上保・中山・早倉 (2014) が挙げられる。分析には，階層的クラスター分析を用いて，読点の打ち方や品詞の trigram の識別力と比較している。その結果，読点の打ち方や品詞の trigram と同等の識別力を有していたことが報告されており，著者識別に有効な文体的特徴の 1 つとされている。

3.3.3　構文単位

　次は，構文解析を行った後の構文レベルの特徴をみていく。日本語の文節を単位として，その係り受け関係に着目した著者識別研究は，知る限りは金 (1996c) や金 (2013) のみである。

　金 (2013) は，文節パターンに着目し，著者識別の有効性を検証している。文節パターンとは，まず文章を文節に分割した後に，その文節内の品詞などの組合せを検討する方法である。品詞の組合せに着目した文節パターンの例を挙げる。

```
テキスト 1：「竹やぶが焼けた」
テキスト 2：「まさか竹やぶが焼けるなんて」
テキスト 3：「焼けた竹やぶを見た」
```

↓ 文節単位で分割，同時に品詞付与

3.3 文体的特徴

```
テキスト1：「竹やぶ(名詞)が(助詞)／焼け(動詞)た(助動詞)」
テキスト2：「まさか(副詞)／竹やぶ(名詞)が(助詞)／
　　　　　　焼ける(動詞)なんて(助詞)」
テキスト3：「焼け(動詞)た(助動詞)／竹やぶ(名詞)を(助詞)／
　　　　　　見(動詞)た(助動詞)」
```

文節内の品詞の組合せを基に，データセットの作成

	名詞＋助詞	動詞＋助動詞	副詞	動詞＋助詞
テキスト1	1	1	0	0
テキスト2	1	0	1	1
テキスト3	1	2	0	0

　金 (2013) は，文学作品や学生の作文，日記を用いて，この文節パターンの有効性を検証した．その結果によると，任意の2名の間に関する正解率は，文学作品および約1,000文字の学生作文で，約99%に達したとされている．このことから，文節パターンは，著者識別にかなり有効な特徴であるといえよう．

3.3.4　文体的特徴における経年変化

　ここまでに計量的文体分析で用いられる文体的特徴をみてきたが，これらの特徴は，時が経っても変化しないものなのであろうか．特に，その著者の人生において，生活環境の変化や病気など劇的な変化が生じた場合はその前後で特徴が異なるのであろうか．

　村上 (2004) によると，文章は人間の精神的知的活動の1つの表現形式であるため，心のありようと文章には密接な関係があり，実際に思想や教義が変化し，文章表現が大きく変わったとされる作家や思想家，宗教家がいるという．

　まず，作家を例に挙げよう．川端康成の作品における読点の打ち方を，戦前と戦後で比較すると，戦前では，読点前に「と」が存在する割合が高く，読点前に「し」がある割合が低かったのに対して，戦後では，この関係が逆転している（村上，2004）．理由はわからないが，終戦を境に川端康成の心理に変化が

あった可能性があるという。このほかに，森鷗外の文体が，小倉に左遷された前後で変化していることを指摘する研究（桑野・金，2008）や，脳を患わった宇野浩二の研究（劉・金，2017a）がある。劉・金(2017a) によると，宇野浩二の名詞の使用率は病後に高まり，口語体からフォーマルな書き言葉に変化するとともに，読点が多用されるようになり，文章の饒舌さと流暢さが喪失したという。ちなみに，宇野浩二の文体は，入院前にはすでに変わっていたともいう。

宗教家についていえば，日蓮の文体変化についても指摘されている（村上，2004）。文永元年（1264 年）11 月 11 日，天津に向っていた日蓮一行は，故郷である安房の小松原（千葉県鴨川市）に差し掛かった際に，地頭の東条景信らに襲われ，弟子と信者が殺害され，日蓮自身も眉間を斬られたとされる。また，日蓮が「日本の第一の行者なり」と称するようになったのが，この事件であるという。村上 (2004) によれば，この前後の文体を比較すると，品詞の使用率に変化がみられ，この変化は日蓮の思想の変化を表している可能性があるという。

以上のような病気や思想の変化に限らず，経年にともない徐々に変化する特徴もあるようである。芥川龍之介の作品を検討した金 (2009b) によると，助詞「は」の使用率は経年にともない増加しているのに対して，助詞「が」の使用率は減少していたという。

すべての文体的特徴に該当するとは限らないが，経年により変化する文体的特徴が存在するということは，著者識別においても重要な知見である。著者識別では，疑問文章（匿名で著者が不明な文章）と対照文章（著者が明確で疑問文章と照し合せるための文章）が必要となるが，たとえ同じ著者であっても，経年の変化の影響によって，両文章の特徴が異なる場合がありえるということである。このことから，疑問文章と対照文章は，できる限り記載した時期が大きく異ならない方がよいかもしれない。

3.4 多変量データ解析

前述した文体的特徴に着目し，データセットを作成した後は，以下の多変量データ解析や機械学習を用いて分析することとなる。

詳細は後述するが，以下で説明する多変量データ解析は，いわゆる教師なし

学習と呼ばれるもので，分析過程や結果を視覚的に説明することが容易であることから，鑑定として行われる著者識別に向いていると考えられる。他方，本書で扱う機械学習については，教師あり学習であり，分析過程の説明以上に高い推定精度が求められる著者プロファイリングに向いている。

まずは，多変量データ解析の概要を示すが，中でもテキストマイニングで多用され，本書の調査研究においても使用する主成分分析や対応分析，多次元尺度法，階層的クラスター分析の説明に比重を置くこととする。

3.4.1　主成分分析

主成分分析とは，データの分散共分散行列あるいは相関行列を基に，データの情報の損失を抑えつつ，複数の変数をより低次元（2つ，3つ程度）の主成分と呼ばれる合成変数に集約する多変量データ解析の一種である。

6科目（国語，英語，数学，理科，音楽，体育）に関する学生の成績を例に，データセットから相関係数行列を求め，そこから固有値と固有ベクトルを算出し，各個体の主成分得点を導き出す作業例をみていく（図 3.2）。固有ベクトルが，その合成変数における各変数の貢献度を示し，固有値が主成分得点の分散ないし固有ベクトルで説明できる情報量の多寡を意味している。

主成分分析では，分散共分散行列による方法と相関係数行列による方法がある。一般的には相関係数行列を用いた方が無難であるとされることもあり（村上，2016），本書の調査研究においても，すべて相関係数行列を用いている。

主成分分析は，諸外国の計量的文体分析に関する研究で従来から用いられている (Abbasi & Chen, 2006; Binongo, 2003; Burrows, 1989; Grant & Baker, 2001; Juola, 2006)。たとえば，Burrows (1989) は，著者識別研究に主成分分析を用いた先駆者として知られ，英国小説家ジェーン・オースティン (Jane Austen) の小説を基に，登場する 48 名の人物を分類するといった試みを行っている。翻って，日本においては，『源氏物語』の複数作者説に取り組んだ土山 (2016) や井原西鶴の著者問題に取り組んだ上阪 (2016) が主成分分析を積極的に使用している。ただし，本書の調査研究でも用いているが，階層的クラスター分析や対応分析，多次元尺度法に比べると，著者の識別力は最も低いといった結果となっている。

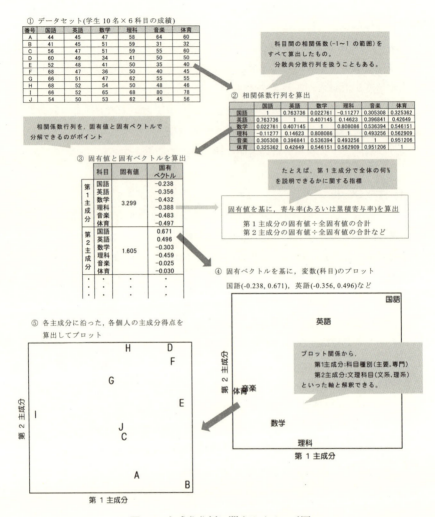

図 3.2 主成分分析に関するイメージ図

3.4.2 対応分析

コレスポンデンス分析 (correspondence analysis) とも呼ばれる手法で，分割表（個体 × 変数）の度数データを基に，複数の変数を低次元に圧縮する多変量データ解析の一種である．対応分析は，主成分分析に類似した手法であるが，

連続データを扱う主成分分析と異なり，主にカテゴリカルデータを対象とする。基本的な考え方は，分割表について，行の項目および列の項目の相関が最大になるように，行と列の項目を並び替え，関連性が強いもの同士が近似になるように処理を施す方法である。なお，本書では，多重対応分析は扱わない。

「文字の使用頻度」データを使ったイメージ図を図 3.3 に示す。なお，対応分析については，Sten-Erik Clausen[訳 藤本一男](2016) が非常にわかりやすい。

分析プロセス
① 行・列方向のプロファイルと行・列質量の算出
② 各個体間および重心からの χ^2 距離の算出
③ 多次元空間への布置
④ 多次元空間を次元圧縮（主成分分析と同様，固有値問題）
⑤ 行と列の次元空間上の布置を同時に表現

図 3.3 はあくまで説明のため便宜的に作成したイメージ図であるが，このような布置関係をみることによって，たとえば「し」や「も」の使用頻度は，比較的関連性が高いとともに，D 氏がよく用いる文字であるといったことがわかる。

類似の分析手法に，1950 年代に林知己夫により提案された数量化理論Ⅲ類と 1980 年代に西里静彦によって提案された双対尺度法があるが，アルゴリズムの中核に大きな相違はなく，数量化理論Ⅲ類とは，数理的には同等であることが証明されている（金，2017）。

このような対応分析を用いた諸外国の著者識別研究に，Riba & Ginebra (2005) が挙げられる。Riba & Ginebra (2005) は，小説『ティラン・ロ・ブラン (Tirant lo Blanch)』の著者について，単語の長さや機能語に着目した対応分析を実施したところ，371 章から 382 章の間で著者が入れ替わったとみられる明らかな変化が見出されたという。日本の著者識別研究については，田畑 (2004) や Tabata (2007) が，ディケンズ (Dickens) とスモレット (Smollett) の作品を題材として，対応分析を行っている。対応分析を用いた研究は，他の分析手法に比べると少ないようである。

第3章 テキストマイニング概要

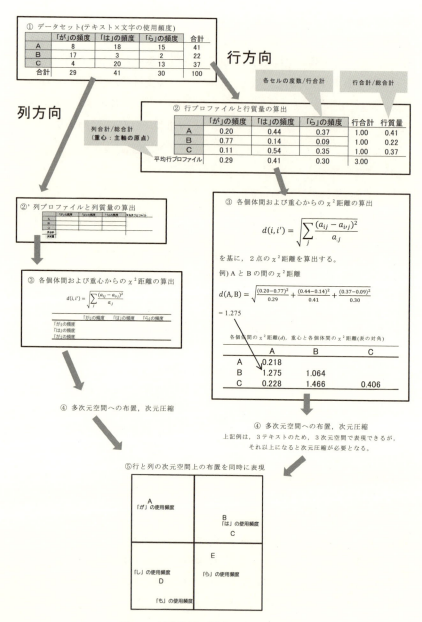

図 3.3 対応分析に関するイメージ図

対応分析は主成分分析と類似しているが，金 (2017) は，「対応分析は，データの構造を再現する面では主成分分析より効果は劣るが，パターンを分類する面では主成分分析よりよい結果を示すケースが多い」と述べている。また，コーパス言語学研究の目線で，主成分分析と対応分析を比較した水本 (2009) によると，「データ中の変数やケース間の差異を発見することが目的ではなく，できるだけ元の情報を圧縮したものを作り上げることにあるならば主成分分析がすぐれており，差異（類似）を見つけ出すことが目的なのであれば，コレスポンデンス分析が適している」とされる。加えて，両分析手法の留意点として，主成分分析については第 2，第 3 主成分の寄与率が低くなること，対応分析については，外れ値に影響されやすいことを挙げている。本書の調査研究でも後に示すが，両分析手法における著者の識別力については，主成分分析が最も成績が悪く，次いで対応分析の成績が悪いという結果が得られている。

3.4.3 多次元尺度法

(1) 多次元尺度法とは

データから個体間の類似度を算出し，類似度に沿って各個体を低次元上（2もしくは 3 次元解が採択されることが多い）に布置することで，視覚的に個体間の相対関係を示す分析手法である。類似度が高い個体ほど互いの個体が 2 次元（あるいは 3 次元）上に近接して布置され，類似度が低いほど 2 次元（もしくは 3 次元上）に離れて布置される。計量的文体分析研究では，テキスト間の類似度を基に，各テキストを次元上に布置することとなる（例，図 3.4，同一著者のテキストは，同じアルファベットで表現）。

分析プロセス
① 用いる距離関数（次頁の SKLD 距離など）を決定
② 用いる距離関数に沿って，個体間の距離を算出し，データ行列 $X_{n \times p}$ を距離行列 $D_{n \times n}$ に変換する。
③ 個体の布置にかかる関数（アルゴリズム）を決定
④ 関数（iso や sammon など）に沿って，距離行列 $D_{n \times n}$ を行列 $Z_{n \times n}$ に

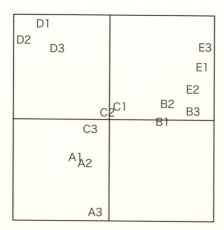

図 3.4 多次元尺度法により算出される分析結果例

変換する。
⑤ 行列 $Z_{n×n}$ の固有ベクトル（座標値）を求め，2（ないし 3）次元上に個体を布置する。
⑥ 次元上における布置関係を検討する。

多次元尺度法を理解するために，個体間の類似度を示す距離と方法の種別（計量的・非計量的）について説明する。

(2) 距離関数

多次元尺度法では，類似度を距離で表す。データセット $X_{n×p}$ （つまりは，個体が n 個で，変数が p 個のデータセット）がある場合，個体間（たとえば，個体 i と個体 j などの間）の距離をすべて算出することによって，距離行列 $D_{n×n}$ を求めることができる。多次元尺度法では，まずこの距離行列を算出することが必要であるが，個体間の距離を算出するための定義がさまざま考案されており，それらを表 3.7 にまとめた。これらの距離は，多言語テキストマイニングツール「MTMineR」においても取り扱うことができる。

距離の中でも最も広く知られているのは，ユークリッド距離であるが，文章の解析のように変数が非常に多い場合は，カルバック・ライブラー・ダイバー

表3.7 個体間距離を算出するための定義

距離	計算式
ユークリッド距離	$d_{ED}(x_i, x_j) = \sqrt{\sum_{k=1}^{p}(x_{ik} - x_{jk})^2}$
重み付きユークリッド距離	$d_{WED}(x_i, x_j) = \sqrt{\sum_{k=1}^{p}\frac{(x_{ik} - x_{jk})^2}{(x_{ik} + x_{jk})}}$
コサイン距離	$d_{COS}(x_i, x_j) = 1 - \frac{\sum_{k=1}^{p}(x_{ik}x_{jk})}{\sqrt{\sum_{k=1}^{p}x_{ik}^2 \sum_{k=1}^{p}x_{jk}^2}}$
マンハッタン距離	$d_{MAN}(x_i, x_j) = \sum_{k=1}^{p}|x_{ik} - x_{jk}|$
SKLD距離	$d_{SKLD}(x_i, x_j) = \frac{1}{2}\sum_{k=1}^{p}\left(x_{ik}\log\frac{2x_{ik}}{x_{ik}+x_{jk}} + x_{jk}\log\frac{2x_{jk}}{x_{ik}+x_{jk}}\right)$
キャンベラ距離	$d_{CAN}(x_i, x_j) = \sum_{k=1}^{p}\frac{|x_{ik} - x_{jk}|}{|x_{ik} + x_{jk}|}$

ジェンスを拡張した対称的カルバック・ライブラー・ダイバージェンス距離（Symmetric Kullback-Leibler divergence, SKLD距離）が有効とされている（Jin & Jiang, 2013）。相対度数に変換したデータセットに関しても，SKLD距離の成績が良いとされており（金，2012b），本書における調査研究においても用いている。ちなみに，SKLD距離の右式に平方根を求めることを主張する研究者もおり，参考文献としてÖsterreicher & Vajda (2003)を挙げる。

(3) 計量的・非計量的多次元尺度法

多次元尺度法には，計量的あるいは非計量的多次元尺度法の2種類がある。

● 「計量的」多次元尺度法

「計量的」多次元尺度法では，「距離データそのものの値」を扱う。この代表である古典的多次元尺度法では，距離行列 $D_{n \times n}$ を，次の関数によって，行列 $Z_{n \times n}$ に変換し，その後に固有ベクトルを求め，それを座標値として2ないし3次元上に個体を布置する。

$$z_{ij} = -\frac{1}{2}\left(d_{ij}^2 - \sum_{i=1}^{n}\frac{d_{ij}^2}{n} - \sum_{j=1}^{n}\frac{d_{ij}^2}{n} + \sum_{i=1}^{n}\sum_{j=1}^{n}\frac{d_{ij}^2}{n^2}\right)$$

● 「非計量的」多次元尺度法

「非計量的」多次元尺度法では、「値そのものではなく、距離の大小関係のみ」を扱う（つまり、比率尺度を扱う「計量的」に対して、「非計量的」では、名義尺度や順序尺度を扱うといった違いがみられる）。また、距離行列 $D_{n\times n}$ から行列 $Z_{n\times n}$ への変換の際に、ストレス関数と呼ばれる統計量を最小になるように座標を決定するのが特徴である。

ストレス関数の代表として、iso ストレス関数や sammon ストレス関数が挙げられる。調査研究 2 において使用した sammon ストレス関数を以下に示す。

$$sammonSTRESS = \frac{\sum_{i<j}\frac{(\hat{d}_{ij}-d_{ij})^2}{\hat{d}_{ij}}}{\sum_{i<j}\hat{d}_{ij}}$$

なお、これまで説明した 3 つの多変量データ解析（主成分分析、対応分析、多次元尺度法）は、いずれも次元上に個体を布置するといったものであるが、多次元尺度法は、用いる距離情報に分析結果が依存する。ユークリッド距離を用いた場合は、相関係数行列を用いた主成分分析の主成分得点の結果と一致するとされている（金, 2009a）。また、対応分析は、χ^2 距離を用いた手法といえる（石田・金, 2012；金, 2009a）。つまり、これら 3 つの解析手法は、それぞれ異なる距離データを固有値分解して、テキストを 2 次元平面上に布置するため、それぞれの解析手法で異なる分析結果が算出される。本書の調査研究で使用する多変量データ解析に限れば、次のような異なる距離を基に解析していることとなろう。

- 主成分分析 → （相関係数行列使用） → ユークリッド距離
- 対応分析 → χ^2 距離
- 多次元尺度法 → SKLD 距離

また、多次元尺度法では、データ行列 $X_{n\times p}$ → 距離行列 $D_{n\times n}$ →（多次元尺度法の関数）→ 行列 $Z_{n\times n}$ を基に座標を求めたが、次の階層的クラスター分析も

類似した形式で，データ行列 $X_{n\times p}$ → 距離行列 $D_{n\times n}$ までは同じであるが，次にクラスター分析のアルゴリズムによって，コーフェン行列 $C_{n\times n}$ を算出し，それを基に樹形図という結果で示す点で異なる。

3.4.4　階層的クラスター分析
(1)　階層的クラスター分析とは

　階層的クラスター分析は，個体間の類似度をクラスター（群）として表現する多変量データ解析である。その結果は，図3.5で示すように，樹形図（デンドログラム）として算出される。デンドログラムでは，個体間が近接してクラスターを形成するほど類似していることを意味する。したがって，図3.5のとおり，同一著者のテキストは，同じクラスターとしてまとまりを形成する。

　なお，階層的クラスター分析はクラスター分析の一種である。クラスター分析にはほかにもk平均法（事前にグループ数を設定し，その指定数に基づいて群分けする方法）などがあるが，本書では用いていないため説明を省く。

分析プロセス
① 用いる距離関数（SKLD距離など）を決定
② 用いる距離関数に沿って，個体間の距離を算出し，データ行列 $X_{n\times p}$ を距離行列 $D_{n\times n}$ に変換する。
③ クラスター形成の関数（アルゴリズム）を決定
④ クラスター形成の関数（Ward法など）に沿って，距離行列 $D_{n\times n}$ からコーフェン行列 $C_{n\times n}$ を算出する。
⑤ コーフェン行列 $C_{n\times n}$ に基づき樹形図を構築する。
⑥ デンドログラムのクラスター関係を検討する。

---

(2)　クラスターの形成過程

　距離行列からコーフェン行列に変換する過程については，視覚的に説明した方が理解しやすい。そこで，アルゴリズムとして「重心法」を用いた場合の，クラスター形成過程の例を基に説明する。図3.6は，左が距離関係を2次元上

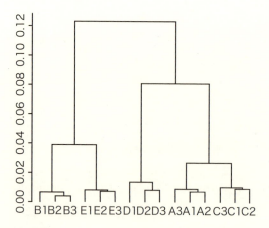

図 3.5　階層的クラスター分析で算出されるデンドログラム例

に表現し，右がそれに対応するデンドログラムの結果を表している。

ステップ①

　コーフェン行列において最も値が小さい（つまり，距離が近い，類似している）個体を選定し，最初のクラスター Cluster 1{A1, A2} を形成する。続いて「重心法」の場合，両者の重心を算出する（図 3.6 の × が重心）。

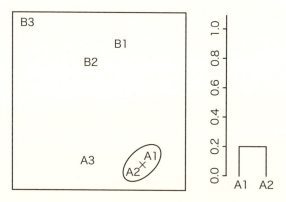

図 3.6　クラスター形成過程のイメージ図①

ステップ②

次に，Cluster 1{A1, A2} の重心・A3・B1・B2・B3 の 5 点間で最も距離が近い箇所に基づき，クラスターを形成する（ここでは Cluster 2{B1, B2}）。上記と同様に，Cluster 2{B1, B2} の重心を求める。

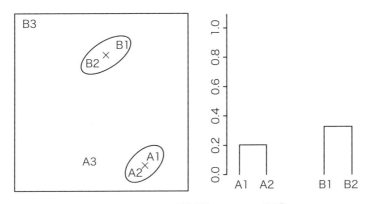

図 **3.7** クラスター形成過程のイメージ図②

ステップ③

Cluster 1{A1, A2} の重心・Cluster 2{B1, B2} の重心・A3・B3 の 4 点間で最も距離が近い箇所に基づき，クラスターを形成する（ここでは Cluster 3{A3, Cluster 1{A1, A2}}）。上記と同様に，Cluster 3{A3, Cluster 1{A1, A2}} の重心を求める。

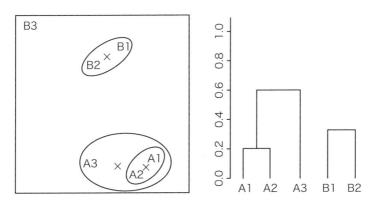

図 **3.8** クラスター形成過程のイメージ図③

ステップ④

Cluster 2{B1, B2} の重心・Cluster 3{A3, Cluster 1{A1, A2}} の重心・B3 の 3 点間で最も距離が近い箇所に基づき，クラスターを形成する (Cluster 4{B3, Cluster 2{B1, B2}})。

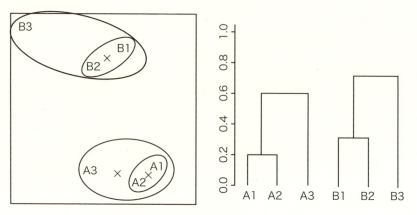

図 **3.9** クラスター形成過程のイメージ図④

ステップ⑤

2 つのクラスター Cluster 3{A3, Cluster 1{A1, A2}}・Cluster 4{B3, Cluster 2{B1, B2}} をまとめて終わりである。

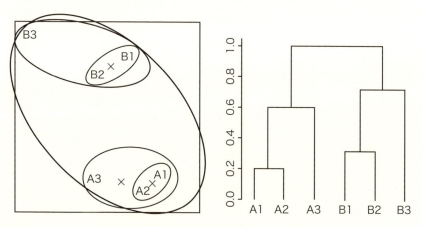

図 **3.10** クラスター形成過程のイメージ図⑤

(3) クラスター形成のためのアルゴリズム

クラスターの形成は，クラスター間の距離の定義に依存する。先に，クラスター内の重心に着目した「重心法」を例に挙げたが，表 3.8 のとおりさまざまな方法がある。

以上の階層的クラスター分析は，著者識別研究でも多用されている（Holmes, 1992；金・樺島・村上，1993b；Ledger & Merriam, 1994；村上・伊藤，1991；

表 3.8　クラスター間の距離を定義する方法（図は，室・石村 (2002) より引用）

方法	図	説明
最近隣法 (最短距離法)		クラスター間で最も近い個体の距離を，クラスター間の距離とする。
最遠隣法 (最長距離法)		クラスター間で最も遠い個体の距離を，クラスター間の距離とする。
グループ間平均連結法 (群平均法)		クラスター間で，それぞれの個体間の距離を算出し，平均した値をクラスター間の距離とする。
重心法		クラスターごとに，重心を算出し，その重心間の距離をクラスター間の距離とする。
メディアン法		クラスター間で，それぞれの個体間の距離を算出し，その中央値をクラスター間の距離とする。
Ward 法		クラスターを融合する際に，グループ内分散に対するグループ間分散を最大にするようクラスターを形成する（金，2017）。

Nirkhi, Dharaskar, & Thakare, 2016）。この手法を用いる利点としては，次元縮約をしていないため，情報を損失することなく結果を示すことができる点，また次元上に布置する手法に比べると，テキストのまとまりが視覚的に把握しやすい点が挙げられる。また，分析に用いるサンプルにもよるかもしれないが，本書の調査研究 5 では，主成分分析や対応分析，多次元尺度法に比べて，著者の識別力は最も良かった。

3.4.5　データセットのテキストと変数の数

以上のとおり，多変量データ解析を概観したが，計量的文体分析で扱うデータセットは，30 テキスト ×1,526 変数（文体的特徴）など，心理学系分野で扱うデータセットと比較すると，変数の数（列）に対して，テキスト（行）の数が少ないといった特徴がある。この点については，以下のとおり問題ない。

主成分分析については，まず変数から分散共分散行列や相関係数行列（1,526 変数 ×1,526 変数）を算出し，固有値と固有ベクトル（主成分）を求める。そして，主成分得点（主成分に沿って各テキストに付与される得点）を基に，各テキストを次元上に布置するため，テキスト数は介在しない。このことから，テキスト数の少なさが問題になることはない。対応分析に関しても，確率行列の算出を経た固有値問題に帰するため，主成分分析と同様に問題がないといえる。

また，多次元尺度法では，18 テキストであれば，18×18 の距離行列から固有値を求める問題となるため，テキスト数の少なさが問題となることはない。

3.4.6　多変量データ解析を用いた日本語研究の変遷

田中 (1997) は，1960 年から 1997 年を対象に，多変量データ解析を用いて日本語データを解析した研究とその変遷について検討している。

その報告によると，まず心理学など他の学問分野では多変量データ解析の使用割合が増加傾向にあったものの，日本語研究では一貫して 5%程度の割合を推移しているといった特徴が見受けられたという。また，コンピュータと統計パッケージが普及しはじめた 1980 年代を境に，それまで計量国語学会発行の『計量国語学』に多くの割合を占めていた多変量データ解析研究は，他の学問分野（地域言語研究など）に移行しはじめるといった現象がみられたという。

3.5 機械学習

表 3.9 最近 20 年間の日本語研究における多変量データ解析の使用割合

年	1998–2002	2003–2007	2008–2012	2013–2017
論文全体	37	35	31	29
多変量データ解析使用論文	3	7	3	6
割合	8.1%	20.0%	9.7%	20.7%

　日本語データの分析に用いられた多変量データ解析は，その分析の目的にもよるが，①数量化理論III類，②因子分析，③クラスター分析，④数量化理論IV類，⑤数量化理論 I 類，⑥主成分分析，⑦判別分析，⑧重回帰分析，⑨パス解析，⑩多次元尺度法が比較的用いられていたようである。特に，1980 年代以前では因子分析，1980 代以降は数量化理論III類が用いられるといった偏りが指摘されている。これは，従来の日本語研究の主な目的が，「事象の背後にある潜在因子の探索」と「質的データの数量化およびその多次元構造の明確化」であったからとされている。

　では，ここ最近 20 年間はどのような状況であろうか。参考までに『計量国語学』の 1998 年から 2018 年までの多変量データ解析を用いた論文（調査報告含む）の割合を，田中 (1997) と同様に 5 年間隔で算出した（表 3.9）。これによると，多変量データ解析の使用割合は，1997 年以前の『計量国語学』の割合 (35/414, 8.5%) に比べると，多少増加したようにもみえる。

3.5 機械学習

3.5.1 サポートベクターマシン

　SVM (Support Vector Machine) は，計量的文体分析において多用されている機械学習法である。SVM は，無限に存在する超平面の中から，マージンが最大で，最もグループ分けが良くなる超平面を探索する方法である。SVM の理解には，マージン最大化とカーネルトリック，そしてハードマージンとソフトマージンといったキーワードが必須となるため順次説明したい。

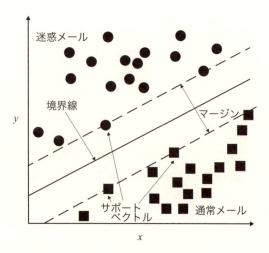

図 3.11　マージン最大化に関するイメージ図

(1) マージン最大化

　図 3.11 に，2 次元上におけるサンプルの分布とマージンのイメージ図を示した。具体例として，通常メール (■) と迷惑メール (●) のサンプルを判別する場合，境界線の引き方は複数考えられる。ただし，■ と ● の 2 つのカテゴリの間（マージン）を最大とする境界線を引くことで，新たなサンプルを分析する場合であっても，高精度で判別することができる汎用性の高いモデルが構築できるようになる。SVM では，マージンが大きいほど判別率が高くなることから，このマージンを最大化する境界線を探索するのである。

(2) カーネルトリック

　SVM では，マージンが最大となる境界線を探索することが目的であるが，容易に分類できない場合がある。たとえば，図 3.12 の左図をみるとわかるように，2 つのカテゴリのサンプルが混在してみえる場合がある。むしろ，実際には，このような例の方が多いであろう。このような場合は，前述の例のように境界線をうまく設定できない。そこで 2 次元ではなく，右図の 3 次元に変換することで分類が可能となる場合がある。これをカーネルトリックと呼ぶ。

　左図では，2 次元であったことから，境界「線」を引こうとしていたが，右

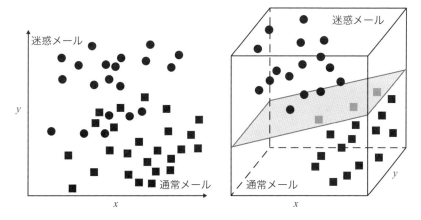

図 **3.12** カーネルトリックに関するイメージ図

図では,3次元となっているため,境界「面」によって分類されていることがわかる。このような3次元以上の境界「面」を超平面と呼ぶ。

また,上記までは,「線形」の境界の引き方を説明したが,カーネルの代表である動径基底関数カーネル(Radial Basis Function; 以下,RBFとする。別名「ガウスカーネル」)では,「線形」とともに「非線形」を扱うことができる。そのパラメータが γ であり,この値が小さいほど線形に近づき,大きいほど湾曲した複雑な超平面となる。

(3) ハードマージンとソフトマージン

ここまで説明すると,SVMではすべてのサンプルを完全にカテゴリ別に分類できるように聞こえるかもしれない。前述の線形分離やRBFカーネルによる非線形分離によって,完全にサンプルをカテゴリ別に分類できることを「ハードマージン」と呼ぶ。

一方で,完全に分類できない場合の判別方法として,「ソフトマージン」が挙げられる。これは,誤分類に許容範囲を設ける方法で,そのパラメータとしてペナルティ値 C がある。C を大きく設定すれば,誤分類を許容しない方向,つまりはハードマージンを指向する方向となり,C を小さくすることで誤分類の許容範囲を広くするソフトマージン指向となる。

γ と C の設定によってどのような境界が設けられるか,図3.13にイメージ図

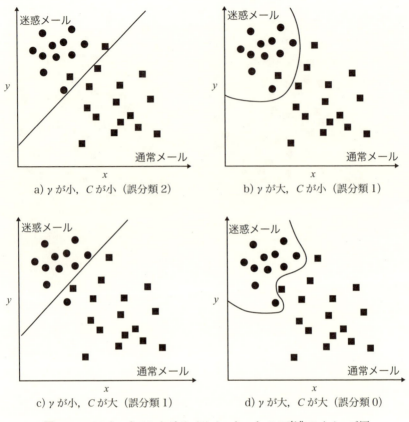

図 3.13 RBF カーネルにおけるパラメータ γ と C の変化のイメージ図

を示した．このとおり，パラメータの設定によって分類結果がだいぶ異なることがわかる．ちなみに，γ が大きくなるにつれて，複雑な境界を設けるため，当該サンプルをきれいに分離することができるようになる反面，いわゆる過学習（オーバーフィッティング）といった汎用性の低いモデルが構築され，新たなサンプルに対しては推定精度が低くなるおそれがあるので気をつける必要がある．したがって，SVM による分析，特に RBF カーネルを用いる際には，パラメータ γ や C について，交差検証法によって検証する，あるいはグリッドサーチ（γ や C を同時に変化させ，最適なパラメータを探索する方法）を展開する

ことが求められる。

劉・金 (2017b) は，「入院する前に宇野浩二の文体は変化していたか」について検討しており，その分析過程で病気前後の作品を5つの分類器で判別・比較している。その結果，文体的特徴にもよるが SVM の成績の良さを示している。

3.5.2 決定木

決定木とは，変数の分岐によって，サンプルを分類する分析手法で，たとえば「受信される電子メールの中に，単語「当選」があり，かつ単語「登録」がある場合に，その電子メールは迷惑メールである可能性が高い」といった IF-THEN ルールによる予測が可能なモデルを構築することが目的である。

図 3.14 に示す例では，「当選」や「登録」といった2つの単語を変数として，受信メールを通常メールと迷惑メールに判別することを想定している。サンプルの分布をみると，明らかに迷惑メールが左に偏っている。そこで，単語「当選」の有無で判別してみると，それなりに判別できた。しかし，通常メールの中に迷惑メールがまだ混在している。このことから，続いて単語「登録」の有無で判別してみると，迷惑メールの分類が明確にできている。

これを，樹木モデルとして表したものが決定木モデルである。この分類の仕方は場合分けで行われており，分析結果が一目瞭然である利点がある。ちなみに，決定木モデルの4角形で囲まれた部分はノードと呼ばれ，一番上のノードのことを根ノード，ノード間をつなぐ線を枝，末端のノードを葉ノードと呼称する。

決定木モデルの構築アルゴリズムには，大きく分けて① C5.0, ② CART (classification and regression tree), ③ CHAID (Chi-squared automatic interaction detection) などがある。本書の調査研究では，決定木自体を分析に用いないことから詳細は省略するが，決定木のアルゴリズムの説明については，松田・荘島 (2015) が非常にわかりやすい。3つのアルゴリズムに関する松田・荘島 (2015) の表に加筆し，表 3.10 にまとめた。

最も歴史的に古いアルゴリズムは CHAID で，このアルゴリズムの特徴は分岐の指標として χ^2 検定を用いる点である。松田・荘島 (2015) によると，p 値の基準を 5%から 10%などにゆるめることで多くの枝を持つ決定木ができあがる

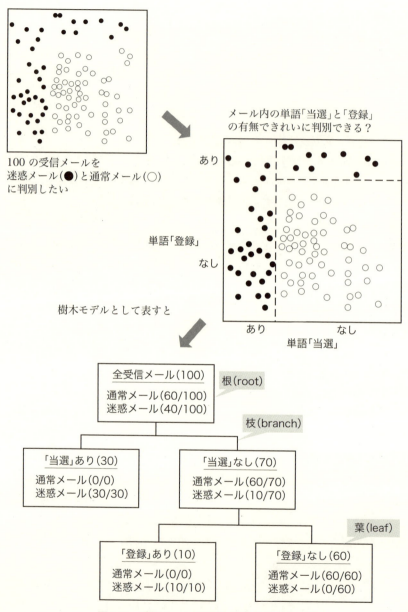

図 3.14 受信メールの判別に関する決定木の例

表 3.10 アルゴリズム別の特徴（松田・荘島 (2015) の表に加筆して作成）

	C5.0	CART	CHAID
発表年	原型は 1986 年	1980 年代初め	1975 年
発表者	J. Ross Quinlan	L. Breiman J.H. Friedman ら	J.A. Hartigan
木の形	多進木（多分岐の木）が可能	二進木（2 又の木）のみ可能	多進木（多分岐の木）が可能
分岐の指標	エントロピーによる利得比	Gini 指標の差	χ^2 検定
分岐の終了点	指標の改善が見られなくなったとき	指標の改善が見られなくなったとき	有意差が見られなくなったとき

ことから，たとえば標本サイズが小さく，有意になりにくいといった場合は p 値の基準をゆるめることでより多くの枝を持つ決定木モデルが構築できるという。一方で，C5.0 と CART は，統計的検定ではなく，状態の不純度の指標であるエントロピーや Gini 指標によって分岐され，CHAID と比べると，分岐の多い決定木モデルが構築される傾向にある。

3.5.3　ランダムフォレスト

この機械学習法は，Breiman (2001) が発展させたとされる，アンサンブル学習 (ensemble learning, 集団学習) の一種である。たくさんの「木」で「森（フォレスト）」を形成することに由来する。

アンサンブル学習とは，学習用データを基に，精度がそれほど高くない複数の弱分類器を構築し，複数の弱分類器における「多数決」によって結論を算出する方法で，分類精度を上げる機械学習法である。ランダムフォレストのほかに，バギング (bagging) やブースティング (boosting) といったものがある。ランダムフォレストとバギングの原理は基本的に同じであるが，ランダムフォレストでは，ランダムサンプリングされた一部の変数を用いるといった違いがある。また，学習用データからブートストラップ法（ある標本からの復元抽出による母集団推定法）によるサンプリングを行い，それらのサンプルを基に複数の弱分類器（決定木モデル）を構築するが，学習用データの約 1/3 は決定木モデルの評価用データ（OOB (Out-Of-Bag) と呼ばれる）として用いられるといっ

た特徴がある．3つのアンサンブル学習を比べると，ランダムフォレストの成績が顕著に高いことが実証されている．

分析プロセスは以下のとおりである．また，図3.15に，ランダムフォレストのイメージ図を示す．

分析プロセス
① 学習用データを基に，ブートストラップサンプルを複数作成する．その際，約1/3は構築したモデルを評価するための評価用データ（OOBデータ）とする．
② ブートストラップサンプルにおける M 個の中の m 個の変数をランダムサンプリングし，決定木を生成する．
③ 構築された決定木をOOBデータにより評価する（OOB推測誤差）．

ランダムフォレストのパラメータには，決定木の数と特徴量（変数）の数がある．決定木の数は，算出される結果が安定する本数の設定が必要となる．本書の調査研究では，多少分析結果の算出に時間がかかるが，決定木の数を30,000本に設定し，安定した決定木モデルの構築に努めている．特徴量の数 m は，$m = \sqrt{M}$ が多く用いられている．このように，SVMに比べるとランダムフォレストのパラメータは少なく，扱いやすいといった利点がある．

また，ランダムフォレストでは，変数の重要度（識別力）を算出することができる．その指標として決定木の正解率を基準とした Mean Decrease Accuracy (MDA) と Gini 係数の平均値を意味する Mean Decrease Gini (MDG) がある．両指標については，後に詳しく述べる．

金(2017)は，ランダムフォレストに関して，以下のような長所を述べている．

- 精度が高い．
- 何百，何千個の変数がある大きいデータにも効率的に作動する．
- 分類に用いる変数の重要度（MDAなど）を推定できる．
- 欠損値が多いデータにも対応できる．
- 個体の分布がアンバランスなデータでもエラーのバランスが保たれる．

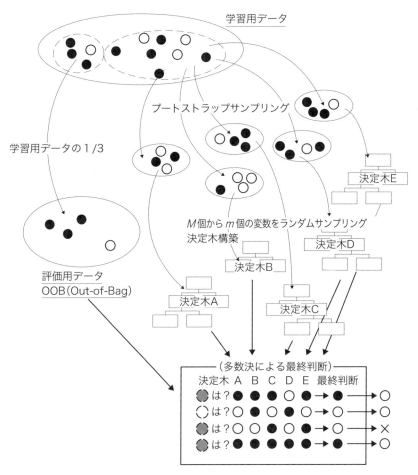

図 3.15　ランダムフォレストのイメージ図

- 分類と変数の関係に関する情報が得られる。
- 群間の近似の度合が計算できる。
- 外的基準がないデータにおいても適応できる（個体の類似度の計算など）。

さまざまなデータに対して，17 群合計 179 もの分類器の成績を比較した Fernández-Delgado, Cernadas, Barro, & Amorim (2014) によると，ランダムフォレストが最も高い成績を示したとされる。金・村上 (2007) は，小説や作文，

日記に関して，ランダムフォレスト，SVM，k最近傍法，学習ベクトル量子化法，バギング，ブースティングの機械学習法を用いて著者識別の成績を比較している．その結果によると，ランダムフォレストが最も成績が良く，次いでバギングやブースティングといったアンサンブル学習法の成績が良かったとされる．ランダムフォレストの成績が良かった理由として，分析に用いた形態素の使用率にはノイズが多く含まれており，そのようなデータにランダムフォレストが適しているからといわれている（金，2016）．一方で，SVMは，カーネルを作成する際に，ノイズをそのまま用いるので，ノイズが多く含まれているデータを扱う場合には成績が良くないようである．

以上のことから，本書の調査研究（著者プロファイリング）においても，ランダムフォレストによって分析を行うとともに，テキストの分析に多用されているSVMとの比較検討も合わせて行っている．

3.5.4　ナイーブベイズ

ナイーブベイズは，確率を基礎とした分類アルゴリズムが特徴である．特に，確率におけるベイズの定理という次の公式が使われる（2分類の場合）．

$$p(A|B) = \frac{p(B|A)p(A)}{p(B)} = \frac{p(B|A)p(A)}{p(B|A)p(A) + p(B|\overline{A})p(\overline{A})}$$

$p(A|B)$は，あるデータや情報であるBが得られた場合に事象Aが生じる確率で，「事後確率」とよばれる．また，$p(B|A)$は，尤もらしさという意味の「尤度」とよばれ，事象Aが発生した場合に，データBが得られる確率のことである．さらに，$p(A)$や$p(B)$は，事象AやBが生じる確率で，「事前確率」とよばれる．このような説明では理解しかねると思われるので，具体的に迷惑メールを判別する場合の例を挙げる．

迷惑メールの判別例

昨年受信したメール100通によると，80通が迷惑メールであった．その80通の迷惑メールの中60通に「登録」という単語が存在していた．一方，20通の通常メールにも2通ほど「登録」という単語があった．では，新たに受信したメールに「登録」の単語があった場合，そのメー

ルが迷惑メールである確率はどの程度か？

- $p(A|B) = p$（迷惑メール｜「登録」あり）：
  メールの中に「登録」という単語が存在した場合に，そのメールが迷惑メールである確率 → これが知りたい答えとなり，この確率を求めることとなる。
- $p(A) = p$（「登録」あり）：
  すべてのメールにおいて，「登録」という単語が存在する確率
  → 上記の例では，100通の中の62通（60通＋2通）で0.62
- $p(B|A) = p$（「登録」あり｜迷惑メール）：
  迷惑メールである場合に，そのメールの中に「登録」という単語がある確率
  → 80通の中の60通なので，0.75
- $p(B) = p$（迷惑メール）：
  受信メールが迷惑メールである確率
  → 100通の中の80通なので，0.8

これらの確率を，ベイズの定理に当てはめると，以下のとおりとなる。具体的には，0.75×0.8÷0.62=0.9677 となる。つまりは，受信メールに単語「登録」があった場合に，受信メールが迷惑メールである確率は96.77%と計算できるのである。

$$p（迷惑メール｜「登録」あり） = \frac{p（「登録」あり｜迷惑メール）\, p（迷惑メール）}{p（「登録」あり）}$$

この例のメール種別（通常・迷惑メール）と単語「登録」の有無といった単純な関係性をグラフ形式で表すと，以下のようになる。

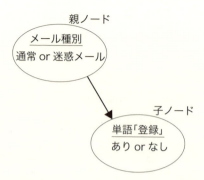

そして，ナイーブベイズでは，以下のように複数の変数を扱うことで，統合的な確率判断が可能となる．なお，このように親ノード1つと独立した子ノードで形成されたモデルをナイーブベイズと呼び，より複雑なモデルを構築する手法としてベイジアンネットワークがある（財津，2011）．

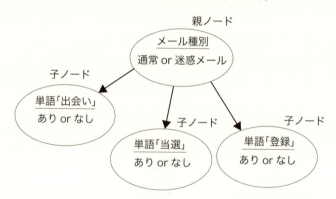

ナイーブベイズは，後述の表6.1や表6.3のとおり，諸外国の著者プロファイリング研究で，SVMに次ぐほど用いられている．しかしながら，日本の研究ではあまり用いられていないようである．

以上のSVM，決定木，ランダムフォレスト，ナイーブベイズは，比較的分析に用いられている分類器であるが，これらの特徴を和泉・松井 (2012) は表3.11のようにわかりやすくまとめている．

表 3.11 各分類器の特徴（和泉・松井 (2012) を基に作成）

手法	精度	モデルの理解度	属性の多さ
SVM	◎	×	◎
決定木	○	◎	×
ランダムフォレスト	◎	×	○
ナイーブベイズ	◎	○	○

3.5.5　その他の機械学習（ニューラルネットワーク，k最近傍法）

テキスト研究ではほかにも，ニューラルネットワーク (neural networks) や k 最近傍法 (k-nearest neighbor) といった分類器も用いられている。本書では，分析に用いなかったこともあり，手短に説明する。

ニューラルネットワークは，人の脳における神経回路（神経細胞であるニューロンが結合したもの）をモデル化した分類アルゴリズムである。金 (2016) によると，ニューラルネットワークは，変数の増加にともない計算量が莫大に増加するため，先行研究では変数を選択して用いているという。また，最近流行している深層学習（ディープラーニング）は，このニューラルネットワークの隠れ層を増やすことで成績を上げる方法を採用している。しかしながら，深層学習は，画像認識や音声認識に関して非常に成績が良いとされているが，著者識別に関する研究では報告事例があまりみられない。

k最近傍法は，所属不明のサンプルの周辺の個体で最も近いものを k 個探索し，その k 個の多数決によって，所属不明のサンプルがどのグループに属するかを判断する方法である（金，2017）。ただし，金・村上 (2007) によれば，小説や作文，日記を通じて，6つの分類器における著者識別の成績を比較したところ，k最近傍法の成績が最も悪かったとされている。

分類器の性能はデータセットに依存するため，常に最も成績がよい分類器が存在するわけではない。そこで，これらの分類器を個別ではなく，統合することで推定成績が上がることを実証した研究がある（金，2014）。報告によると，ランダムフォレストや SVM に加えて，距離加重判別や高次元判別分析といった分類器を統合した形で著者の判別を試みている。その結果によると，単独の分類器に比べて，複数の分類器を統合する判別方法で著者の正判別率が上昇したとされている。金 (2014) によると，それぞれの分類器の短所を他の分類器が

補うことで，成績を上げることができるために，このような結果が得られたとされる。

続いては，文体的特徴の識別力や分類器の成績を評価するための指標について述べる。

3.6 推定成績や識別力に関する評価方法や指標

3.6.1 交差検証法

機械学習の分野では，分類器の推定成績を検証する方法に，手持ちのデータを「学習用データ」と「評価用データ」を分けることで，学習用データを使って分類器に分類のルールを学習させ，その上で学習した分類器の性能を評価用データによって検証するという方法が多く採用されている。

このような方法を採用する理由として，機械学習の目的が，学習データに含まれない未知のデータに対して有効な分類器を生成することにあるためといえる（株式会社システム計画研究所，2016）。未知のデータに対する分類能力を「汎化性能」と呼び，この汎化性能の高さを検証するために未知のデータを想定した評価用データが必要となる。

学習用および評価用データを分けて検証する方法には，次の方法がある。K分割交差検証法については，イメージ図を図3.16に示した。

●ホールドアウト検証法

分析対象データから無作為に評価用データ（おおむね元データの1/3以下，ランダムフォレストのOOBが該当）を抽出し，残りを学習用データとする。

検証に手間がかからない反面，抽出するデータに偏りがある可能性があるといった短所がある。

●K分割交差検証法（交差確認法，クロスバリデーション）

分析対象データを等しくK個に分割し，そのうち1個を評価用データに，残りK−1個を学習用データに用いる方法である。評価用データを順次変え，k回の学習と検証を繰り返し，k回の平均成績をもって分類器の性能とする。

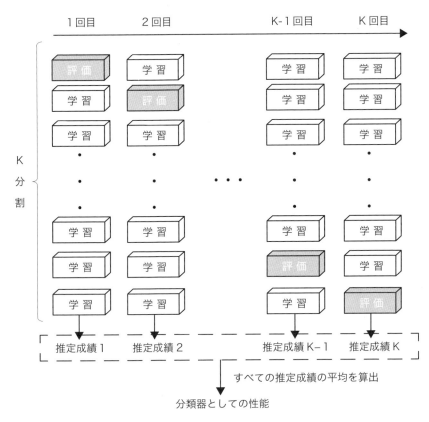

図 3.16 K 分割交差検証法のイメージ図

　K 分割交差検証法の中でも，対象データ数 (N) と同じ数で分割する場合 (N=K) は，1 個抜き交差検証法 (LOOCV: leave-one-out cross-validation) と呼称される。たとえば，対象データ数が 100 名であった場合は，この対象データから 1 名のサンプルを抜き取り，残った 99 名分のサンプルを学習用データに，抜き取った 1 名のサンプルを評価用データとして用いる。同様に，残りの 99 名も評価用データとして順次取り扱う方法である。本書の調査研究 7 と 9 では，過学習対策として，この LOOCV によって検証を行っている。

		実際のカテゴリ	
		Positive	Negative
分類器による推定結果	Positive	True Positive (TP) 真陽性	False Positive (FP) 偽陽性
	Negative	False Negative (FN) 偽陰性	True Negative (TN) 真陰性

図 3.17 分類器による推定結果と実際のカテゴリによる混同行列

3.6.2 分類器の性能評価（正解率，再現率，適合率，F 値）

　分類器を用いて未知のデータのカテゴリを推定すると，図 3.17 のような混同行列 (confusion matrix) ができる．混同行列とは，カテゴリ分類の結果をまとめた表で，2 カテゴリの場合は，分類器が予測した結果 (positive, negative) と実際のカテゴリ (positive, negative) など 2×2 の行列となっている．「分類器による推定結果」と「実際のカテゴリ」が逆に表記される場合もあるが，本書では「著者プロファイリング」において，分類器が推定した結果が実際のカテゴリをどの程度的中させるかが重要となるため，以下のような形式で表記した．

　以下では，「Positive」と「Negative」と表記しているが，後述の調査研究における性別推定においては，これが「男性」と「女性」といった表記となる．

　True Positive (真陽性)：分類器が「Positive」と推定し，実際に「Positive」と正しい場合

　False Positive (偽陽性)：分類器が「Positive」と推定し，実際には「Negative」で誤りの場合

　False Negative (偽陰性)：分類器が「Negative」と推定し，実際には「Positive」で誤りの場合

　True Negative (真陰性)：分類器が「Negative」と推定し，実際に「Negative」と正しい場合

　分類器によって未知のデータを推定し，この混同行列を得た後は，正解率，再現率，適合率，F 値といった分類器の性能を評価する指標を計算することが

表 3.12 分類器の性能評価指標

評価指標	計算式	概要
正解率 (accuracy)	$\dfrac{TP + TN}{TP + FN + FP + TN}$	全体における推定の正しさの程度を表す指標
再現率 (recall) [感度 (sensitivity)]	$\dfrac{TP}{TP + FN}$	実際のカテゴリのうち，どれだけ正しく推定したかを表す指標
適合率 (precision)	$\dfrac{TP}{TP + FP}$	推定した結果の正しさの程度を表す指標
F 値 (F-measure)	$\dfrac{2 \times Recall \times Precision}{Recall + Precision}$	再現率と適合率の調和平均を取ることで両指標を折衷した指標

できる（表 3.12）。

再現率と適合率はトレードオフの関係にある。両指標を考慮したい場合は，F 値を算出することが望ましい。なお，適合率は，「精度」とも呼ばれる。

「著者プロファイリング」をはじめ，「犯罪者プロファイリング」では，分析者が性別や年齢層などの犯人像を推定し，捜査員にそれを説明する。その際，「この推定結果の推定精度は 8 割程度です」というように，推定した結果がどの程度正しいかが重要となってくる。したがって，後述の「著者プロファイリング」に関する調査研究では，これらの指標をすべて算出しているものの，「適合率」が最も重要な指標といえる。

具体例を挙げて実際に計算してみる。図 3.18 は，ある事件における犯人の性

		実際のカテゴリ		計
		男 性	女 性	
分類器による推定結果	男 性	60	10	70
	女 性	20	10	30
	計	80	20	100

図 3.18 性別推定に関する混同行列の例

別をなんらかの分類器で分析した場合の混同行列を示している。

$$\text{正解率} : \frac{60+10}{60+10+20+10} = 70\%$$

$$\text{再現率} : \text{男性} : \frac{60}{60+20} = 75\%$$

$$\text{女性} : \frac{10}{10+10} = 50\%$$

$$\text{適合率} : \text{男性} : \frac{60}{60+10} \fallingdotseq 85.7\%$$

$$\text{女性} : \frac{10}{20+10} \fallingdotseq 33.3\%$$

$$\text{F 値} : \text{男性} : \frac{2 \times 75 \times 85.7}{75+85.7} \fallingdotseq 80.0\%$$

$$\text{女性} : \frac{2 \times 50 \times 33.3}{50+33.3} \fallingdotseq 40.0\%$$

この例のとおり、正解率としての成績は高いようにみえるが、男性と女性それぞれに関して再現率や適合率を算出すると、女性に関する成績が男性に比べるとかなり低いことがわかる。そしてF値は、再現率と適合率を折衷した値なので、数値は両指標の間となる。

なお、後述する「感度」と「再現率」はまったく同じものである。上記の評価指標は、機械学習における分類器の性能を評価するためのものであり、すでに述べたとおり、「犯罪者プロファイリング」では「適合率」が重要である。他方、ポリグラフ検査などの鑑定や本書における「著者識別」では、適合率ではなく、むしろ「再現率（ないし感度）」が重要となる。例えると、「病気である人を病気である」と正しく判定する網羅性の方が重要となるからである。このため、本書では、感度や特異度といった類似の概念と分離して説明する。

3.6.3 感度と特異度，ROC 分析に基づく AUC

前項では、機械学習における分類器の評価のための指標を紹介した。機械学習で扱うデータは、たとえば性別などカテゴリカル（あるいは離散型）データの推定がメインであった。一方、データには、分布をともなう連続型データもある。ここでは、この連続型データを想定し、かつ後述の調査研究に合わせ

3.6 推定成績や識別力に関する評価方法や指標　　83

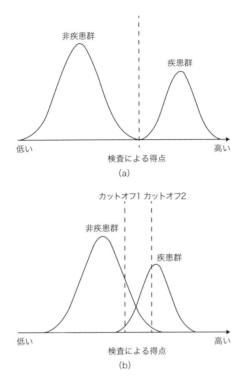

図 3.19　カテゴリ別（疾患群・非疾患群）における検査得点の分布例

て，文体的特徴間の著者に関する識別力や分析手法間の識別力を比較する場合の指標である感度や特異度，また ROC (Receiver Operating Characteristics) 曲線に基づく AUC (Area Under the Curve) について説明する。参考文献として，Macmillan & Creelman (2004) を挙げておく。

これらの概念を説明する際の例として，疾患のある集団とない集団，またそれらに検査を実施した検査得点の例がわかりやすい（後述の調査研究に当てはめると，疾患ありが著者組合せ条件「同一人」，疾患なしが著者組合せ条件「別人」，検査値は，スコアリングによって付与される得点に相当する）。

図 3.19 の (a) の場合，疾患群と非疾患群の検査得点は完全に分離しているため，この検査により，100% の確率で疾患の有無を判定することが可能であることを示している。しかし，現実においてこのような例がみられることは稀であ

表 3.13　検査に用いられる性能指標

評価指標	計算式	概要
感度 (sensitivity) [再現率 (recall)]	$\dfrac{TP}{TP+FN}$	疾患群の中で,「Positive（陽性）」と正しく判定することができた割合
特異度 (specificity)	$\dfrac{TN}{FP+TN}$	非疾患群の中で,「Negative（陰性）」と正しく判定することができた割合
偽陽性率 (rate of false positive)	$\dfrac{FP}{FP+TN}$	非疾患群の中で,「Positive（陽性）」と誤って判定してしまった割合（1－特異度）
偽陰性率 (rate of false negative)	$\dfrac{FN}{TP+FN}$	疾患群の中で,「Negative（陰性）」と誤って判定してしまった割合（1－感度）

り，実際には図 3.19 の (b) に示したように，分布が重複することの方が多い。この場合，検査によって推定される結果と実際のカテゴリ（疾患群・非疾患群）の関係として，4 つのパターンが考えられることから，前述のような混同行列として表すことができる。図 3.19 の (a) の場合は，この中の真陽性と真陰性しかみられない。

ただし，このような検査などに関して用いられる評価指標は，表 3.13 に示すとおり，分類器の性能における評価指標（表 3.12）と多少異なる（共通するのは，「再現率」と「感度」）。

なお，「偽陽性」というのは，たとえば冤罪のようなもので，「犯人でないのにもかかわらず，犯人であると判定してしまう」といった，鑑定においては最も避けなければならない誤りといえる。一方，「偽陰性」は，「犯人であるのに，犯人でないと判定してしまう」ようなもので，「犯人を取り逃がす」ことになる。

また，これらの評価指標の値は，カットオフ値の設定によって変化する（図 3.19 の (b)）。たとえば，カットオフ 1 の場合は，疾患群をおおむね「疾患あり」と判定できる反面，非疾患群を「疾患あり」と誤って判定する割合が比較的高くなる。逆に，カットオフ 2 では，非疾患群において，「疾患あり」と誤る割合

3.6 推定成績や識別力に関する評価方法や指標　　　　　　　　　　85

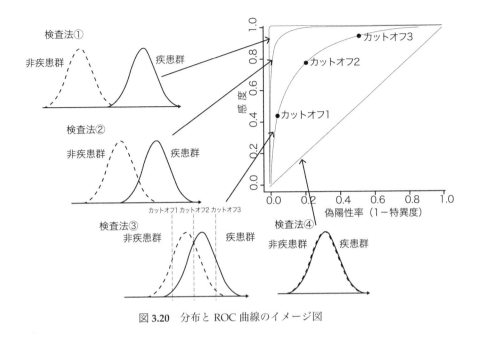

図 3.20　分布と ROC 曲線のイメージ図

は低くなるものの，疾患群で「疾患なし」と「見逃して」しまう割合が高くなる。検査では，感度と特異度が，いずれも 100%に近いことが理想であるが，実際にはこのようにトレードオフの関係にある。そして，このカットオフ値の設定の変化と感度（あるいは特異度）の変化を示したものが，ROC 曲線と呼ばれるものである。ROC 曲線は，感度と偽陽性率（1－特異度）で示すもので，そのイメージ図（ROC 曲線と得点の分布）を図 3.20 に示す。

図 3.20 をみるとわかるように，検査法によって疾患群と非疾患群に関する得点分布の分離の程度が異なる。検査法①の場合は，両群をほぼ 100%に分離できるため，最も性能の高い検査法といえる。逆に，検査法④は両群の大部分が重複しており，疾患・非疾患を判定することは不可能であることがわかる。また，検査法③では，3 つのカットオフ値の設定と，それらに対応した ROC 曲線上の点を示した。同じ検査法であっても，カットオフ値の設定によって，感度と偽陽性率が異なることが理解できよう。

上述したとおり，疾患群と非疾患群の分布の重なり程度が，検査法の識別力

表 3.14　Swets (1988) の評価基準

	AUC の値
「低」レベル	0.50 以上 0.70 未満
「中」レベル	0.70 以上 0.90 未満
「高」レベル	0.90 以上 1.00

を示しているといえるが，この識別力を数値化したものに AUC (Area Under the Curve) がある．AUC とは，図 3.20 でいうところの曲面下側の面積を示しており，両群をまったく識別できない場合の 0.5 から，完全に識別できる場合の 1 までの値を範囲にとり，表 3.14 に示す Swets (1988) の評価基準がある．

ただし，AUC が 0.5 より高い値であったとしても，AUC の 95%信頼区間の中に 0.5 を含む場合は，両群に有意差はないといえる．

本書の調査研究では，文体的特徴や分析手法における識別力を比較する目的で，この AUC を算出している．また，同様の目的で，次の効果量も合わせて算出している．

3.6.4　効果量

大久保・岡田 (2012) によると，効果量とは，「効果の大きさをあらわす統計的な指標」であり，「独立変数が従属変数に対して影響を及ぼしている程度」であるとしている．効果量については，その種類がさまざま存在するが，本書の調査研究では，独立である 2 群の差に関する効果量しか扱わず，かつその中でも最もよく知られている Cohen の d のみを算出していることから，この Cohen の d について簡単に説明する．詳細については，大久保・岡田 (2012) をはじめ，南風原 (2014) に記載されている．また，効果量はメタ分析にもかかわりが深く，山田・井上 (2012) も参照してほしい．

今，独立な 2 群（ある効果を施した実験群と効果を施していない統制群）が存在した場合，その 2 群の違いの程度（効果量）を知るには，どうしたらよいのであろうか．実験群のサンプル数を n_1，平均値を M_1，標本分散を S_1^2 とし，統制群のサンプル数を n_2，平均値を M_2，標本分散を S_2^2 とした場合の Cohen の d は，以下の式で算出できる．

3.6 推定成績や識別力に関する評価方法や指標　　　　　　　　　　87

$$S_p = \sqrt{\frac{n_1 S_1^2 + n_2 S_2^2}{n_1 + n_2}}$$

$$\text{Cohen's } d = \frac{M_1 - M_2}{S_p}$$

表 3.15　Cohen (1988) の評価基準

	d の値
「小」レベル	0.20 以上 0.50 未満
「中」レベル	0.50 以上 0.80 未満
「大」レベル	0.80 以上

このように，Cohen の d は，2 群の標本の平均値の差を算出し，標本のプールした標準偏差によって標準化した，記述的な効果量ということができる（大久保・岡田，2012）。

また，表 3.15 のような Cohen の d に関する評価基準が示されており，本書における文体的特徴や分析手法に関する識別力の比較においても，この評価基準を参照している。ただし，95%信頼区間の中に 0 が含まれる場合は，両群に有意差はないといえる。

3.6.5　ランダムフォレストによる評価指標

ランダムフォレストでは，OOB と呼ばれるおよそ 1/3 のデータを評価用に用いることは前述したとおりである。そして，この OOB を用いて，変数の重要度（貢献度）を算出することができるのがランダムフォレストの特徴の 1 つである。本書の「著者プロファイリング」に関する調査研究においても，この評価指標を算出することで，性別や年齢層の推定に有効な文体的特徴を検討している。

ランダムフォレストで算出される変数の重要度に関する評価指標には以下の 2 種類があり，どちらもその値が高いほど重要度が高いことを意味する。一般的には MDA の方が広く使われているようである。

- Mean Deacrease Accuracy (MDA)：該当変数をモデルから除いた場合の正解率の低下の程度によって算出される値で，値が大きいほど重要度が高い。

- Mean Decrease Gini (MDG)：決定木モデルを構築する際に算出された Gini 係数の平均値で，値が大きいほど重要度が高い．

なお，Gini 係数は，以下の計算式で算出することができる値（0 から 1 の範囲）で，分岐前後における Gini 係数の差分値は，CART によって決定木モデルを構築する際の基準となる．t はノード，i はクラス，p は分割された個体がクラスに属する比率である．言い換えると，Gini 係数は，ノードの不純度を意味しており，分岐前後における Gini 係数の差分値がより大きい，つまりはノードの純度がより高まる分岐を探索することとなる．

$$\mathrm{Gini}(t) = 1 - \sum_{i=1}^{c} [p(i|t)]^2$$

Gini 係数の具体的な計算は，前述の図 3.14 における通常メールと迷惑メールの決定木モデルを例に挙げると，分岐前の根ノードの Gini 係数を算出する場合，通常メールの割合は 60/100，迷惑メールの割合は 40/100 なので，計算式は以下のとおりとなる．

$$\mathrm{Gini}\,(\text{分岐前}) = 1 - \left[\left(\frac{60}{100}\right)^2 + \left(\frac{40}{100}\right)^2\right] = 0.48$$

また，

$$\mathrm{Gini}\,(\text{「当選」あり}) = 1 - \left[\left(\frac{0}{0}\right)^2 + \left(\frac{30}{30}\right)^2\right] = 0$$

$$\mathrm{Gini}\,(\text{「当選」なし}) = 1 - \left[\left(\frac{60}{70}\right)^2 + \left(\frac{10}{70}\right)^2\right] = 0.265$$

そして，その Gini 係数の差分値は，各ノードにおけるサンプルサイズで重み付けして，

$$\mathrm{Gini}\,(\text{差分値}) = 0.48 - \frac{30}{100} \times 0 - \frac{70}{100} \times 0.265 = 0.295$$

となる．この例では，単語「当選」の有無における分岐に関して Gini の差分値を算出したが，他の変数についてもこの差分値を算出し，差分値の大きい分岐を探索していくのである．

第4章　法科学における文体分析の概要

4.1　諸外国における事例紹介

まず，諸外国における実際の事件で，文章上の文体を分析した事例（主に，著者識別）をいくつか紹介する。

4.1.1　米国の爆弾魔ユナボマーの犯行声明文

> 事件概要
>
> 　1978年5月26日ノースウェスタン工科大学（米国イリノイ州）の爆破事件を皮切りに，18年間全米17カ所（大学や航空業界など）において発生した連続爆破事件である。この一連の事件では，3名の死者と23名の負傷者を出した。
>
> 　犯人は，ユナボマー（University and Airline Bomer の頭文字からの造語）と呼ばれるようになり，当初は犯人の見当もつかなかったものの，1995年6月に『ニューヨーク・タイムズ』や『ワシントン・ポスト』に犯行声明文が送られ，それが掲載されたことがきっかけとなり，1996年4月3日にセオドア・ジョン・カジンスキー（Theodore John Kaczynski）が逮捕される。

事件の詳細は，『タイム』誌編集記者 (1996) に詳しいが，この事件では，ノースウェスタン工科大学，ユタ大学，ヴァンダービルト大学，カリフォルニア大

学，エール大学などの大学や，アメリカン航空やユナイテッド航空，ボーイング社などの航空業界に対して，小包爆弾やパイプ爆弾が郵送されている。犯行が全米各地に及んでいたことや犯人が証拠を一切残さなかったことから，犯罪捜査は困難を極め，逮捕までに 18 年の月日を要した。

　ちなみに，この事件では，米国連邦捜査局（Federal Bureau of Investigation; 以下，FBI とする）が，犯行状況から犯罪者プロファイリングを実施したことでも有名である。たとえば，犯行開始の次年である 1979 年に実施された分析によると，「犯人の住居や仕事場は，異常なほどに整頓されており，最低限の仕事しかしていないことからおそらく金銭的に貧しい。世間に復讐するという病的な欲求に取りつかれている」とされた。その後，さらに犯人像が追加され，「大学かそれ以上の教育を受け，潔癖症で身だしなみが良く，寡黙で大人しい」といった分析結果を出している。実際の本人は，数学で学位を取得後，一時期大学で教鞭をとっていたものの，その後には森の中の小屋で隠遁生活を始め，その場所で犯行に及んでいたとされる。

　事件は，1995 年 6 月に『ニューヨーク・タイムズ』や『ワシントン・ポスト』に犯行声明文が送られることで事態は急変する。まず犯人は，この犯行声明文をどちらかの新聞紙に掲載するよう求め，応じなければ殺人を続けるといった取引を持ちかける。その要求について決議する猶予として 3 カ月を与えられた警察関係者と報道関係者の間で激しい議論がなされた。一方で，FBI はその間にもこの声明文の写しを米国の 50 名以上の大学教授に送付し，文体の特徴から過去の生徒に心当たりがないか探っていたとされる。たとえば，犯行声明文内の「〜から成る」を「〜より成る」と記載する癖などを持つ人物を捜査したとされる。

　ただし，逮捕に至る決定的な出来事として，一般公開された犯行声明文を見たセオドア・ジョン・カジンスキーの弟が，その哲学的内容と言葉使いが兄そのものだと感じ，知り合いの私立探偵に相談を持ちかけたのである。そこから言語学の専門家において，ユナボマーの犯行声明文が分析されることとなった。犯行声明文と照合する文章には，セオドア・ジョン・カジンスキーがその前年に書いたとされる手紙 1 通と 10 年ほど前に書いた手紙 1 通が用いられた。その専門家によれば，共通の言葉やスペルに着目することで，この 3 つの文書が

同一人によって書かれた可能性は 60%と結論付けられたとされている。

> 序文
> 一．産業革命とその結果は人類にとっての災難であった。これは「先進」国に住む人々の平均寿命を大幅に伸ばした。しかし同時に社会を不安定にし，生活に不満を行きわたらせ，屈辱に人をさらして，そのうえ精神的な苦しみを（第三世界諸国では肉体的苦しみも）促し，自然の世界に深刻なダメージを負わせた。引き続き発展しているテクノロジーは，状況を悪化させている。これは人々をより大きい侮辱にさらし，自然により大きいダメージを負わせることで，さらに大きな社会的破壊と精神的苦しみを導くであろう。

犯行声明文の一部内容（原文は英語，『タイム』誌編集記者 (1996) より引用）

続いては，録音されたテープの原文に関する分析例を紹介する。この事件は，「洗脳」や「マインドコントロール」といった用語が一般的に認知されるきっかけとなった事件とも言われている。

4.1.2 米国の「パトリシア・ハースト誘拐事件」

> 事件概要
>
> 事の発端は，1974 年 2 月 4 日，新聞王と称されたウィリアム・ランドルフ・ハースト (William Randolph Hearst) の孫娘で，当時 19 歳の大学生であったパトリシア・ハースト (Patricia Hearst) が，カリフォルニア州バークレーのアパートで恋人と一緒にいたところを複数人によって拉致され，行方不明となることから始まる。
>
> ハースト家は，新聞などマスメディアはもとより，不動産業を営み，その総資産額は 3000 億円とも言われるほどの資産家であったこともあり，事件は全米で報じられた。

その数日後，地元のラジオ局に左翼系過激派のテロリスト集団であるSLA（シンバイオニーズ解放軍）を名乗るグループから犯行声明が録音されたテープが届く。内容は，「パトリシア解放と引き換えに，カリフォルニアの貧困層全員に1人70ドル分の食料品を無料で支給せよ」といったものであった。

　SLAの要求に応じ，食料配布を行ったものの，パトリシアは解放されず2カ月が経った4月4日，事件は急展開をみせる。サンフランシスコの放送局に，戦闘服を着て銃を構えるパトリシアの写真とともに，パトリシアの肉声で「私は解放軍と一緒に戦うことを決めた」という内容のテープが同封されてきたという。

　その後4月15日，実際にパトリシアを含むSLAメンバーが，サンフランシスコ北部にある銀行を襲撃，銃を構えながら大声で顧客に命令するパトリシアの姿が防犯カメラに写り，全米は騒然となる。

　1年以上の逃亡の末，翌年1975年9月18日，FBIによってパトリシアは逮捕される。

　裁判でパトリシアは無罪を主張する。彼女は，「殺されないために，メンバーの一員となったふりをしていただけで，犯行声明の作成も自分は関与せず，他のメンバーが作成した文章を読み上げただけ」と主張したのである。そこで犯行声明の原文を誰が書いたのかという問題が浮上したのである。パトリシア自身が作成したのか，他のメンバーが作成したものなのか。この問題に関して，パトリシアの弁護士は，計量的文体分析を依頼し，「犯行声明の原文をパトリシアが書いた可能性はほぼない」といった分析結果を証拠として採用するように主張したとされる。ただし，実際の裁判では，①当時，計量文献学的な研究の歴史は浅く，証拠として採用するには，有効性を裏付けるデータが不足していること，②裁判の焦点が，パトリシア自身が犯行声明を書いたか否かではなく，パトリシアの意思によって書かれたものか否かがポイントであることなどから，弁護士の主張は退けられた（村上，2004）。最終的に，パトリシアには懲役35年の有罪判決が下されるが，複数人による釈放の嘆願書や大統領による

特別恩赦，多額の保釈金により，1977年には仮釈放されている。

「犯行声明の原文をパトリシアが書いた可能性はほぼない」と主張する根拠となった分析結果が1979年に公表されている (Bailey, 1979)。分析には，疑問文章となるテープの原文に加えて，パトリシアの文章やSLAメンバーであったアンジェラ・アトウッド (Angela Atwood)，エミリー・ハリス (Emily Harris) の文章（パトリシア以外の者が書いたのであれば，状況的にこの両名のいずれかしか考えられない）を対照文章として用いている。また，これらの文章のほかにも，パトリシアの会話文やニクソン元大統領，パトリシアの友人の会話文，警察の取調べを受けた3名の被疑者の供述調書の文章を加えて，階層的クラスター分析が実施されている。分析結果によると，テープの原文は，パトリシアの文章に比べて，アトウッドやハリスの文章の方が類似していたとされる。

そのほかにも，品詞のunigramやbigramといった文体的特徴に着目し，F検定による検討も行われたものの，それらの分析結果においても，「テープの原文はパトリシアが書いた可能性はほとんどない」と結論付けられている。

4.1.3　英国における遺体無き殺人事件

> **事件概要**
>
> 　この事件は，2001年6月18日早朝，バス停に向って家を出た，当時15歳の高校生であったダニエル・サラ・ジョーンズ (Danielle Sarah Jones) が突如行方不明になった事件である。
>
> 　ジョーンズ失踪から5日後，略取誘拐の容疑で逮捕されたのは，ジョーンズの叔父にあたるスチュアート・キャンベル (Stuart Campbell) であった。さらに，ジョーンズの遺体が見つからないまま，キャンベルは同年8月17日殺人容疑で再逮捕されるといった異例の事態となる。
>
> 　事件当日朝，キャンベルが所有する車に類似した車が犯行現場付近で目撃されていたほか，自宅のロフトからジョーンズのDNA型が検出されたことやジョーンズのリップクリームが発見されるといった状況があったも

のの，直接犯行と結びつける物的証拠はみつかっていない。

　また，失踪から数時間後，キャンベルの携帯電話には，「家はトラブルばかり，家族は皆私を嫌っている。あなたは最高の叔父よ」などといった内容の電子メールが送信されており，キャンベルはこのメールはジョーンズから送信されてきたもので，アリバイを証明するものだと主張していた。

　この事件では，法言語学の第一人者であるマルコム・クルサードが分析を行い，「この電子メールの文章は，被害者であるジョーンズが書いたものではない」と結論付けている。そして，この鑑定結果が，英国の法廷において証拠として採用され，実際に被疑者が 2002 年に実刑判決を受けており，この事件を契機に，英国では計量的文体分析が積極的に用いられるようになったとされる (Coulthard & Johnson, 2007; Grant, 2013)。

　ちなみに，マルコム・クルサードは，鑑定結果として，11 段階（「同一人」に関して 6 段階，「別人」に関して 5 段階）設定しており，この事例では「ジョーンズが著者である可能性はまずまずである」といった 2 段階目程度のランクであったとされる。マルコム・クルサードいわく，最も高いランクでは，「I parsonally feel *quite satisfied* that X is the author」などの表現を用いるという (Coulthard & Johnson, 2007)。

4.2　日本における事例：保険金詐取目的の殺人事件

続いて，わが国における実際の事件例を紹介する。

事件概要

　2001 年 9 月 28 日東京都豊島区内で発生の保険金詐取目的の殺人事件である。この事件では，多額の住宅ローンをかかえていた被疑者が，その支払いや土地購入のために，路上生活をしていた弟に約 4,000 万円の保険金を掛け，その弟を泥酔させた上に車でひき殺した事案である。

4.2 日本における事例：保険金詐取目的の殺人事件

> 事件当初はひき逃げ事件として捜査は進められていたものの，母親の受取名義で保険金が掛けられていたことが判明し，殺人事件として捜査が進められたとされる。

　当時，わが国の警察において，計量的文体分析を行う鑑定人がいなかったこともあり，本書の監修者である金明哲氏が分析を行っている。

　このような事件で，一体何をどのように分析したのか。金 (2009a) によると，事件発生後に警察署に届けられた 1 通の手紙（2001 年 10 月 8 日付，自称サラリーマンの目撃者による「目撃者の証言」）と，さらにその後に届いた 1 通の手紙（2001 年 10 月 14 日付，自称犯人による「告白書・遺書」）を対象として分析を行っている。両手紙の内容は，以下のとおりである。

> 警視庁浅草警察署共同捜査本部　御中
> 　9 月 27 日深夜の私の体験と目認について。まずもって連絡が遅くなって大変すみません。
>
> 　＜中略＞
>
> 　以上が私が体験，目認した 9 月 28 日午前 0 時 30 分前後の事故現場の状況です。ひき逃げされた方に心から哀悼の意を表します。
> 2001 年 10 月 8 日
> 文京区在住一サラリーマン市民より

自称サラリーマンによる「目撃者の証言」（金 (2009a) より引用）

> 告白書・遺書
> 　さる 9 月 27 日深夜の台東区今戸 2 丁目 26 番地内で起きた，「死亡ひき逃げ事件」の犯人は，私です。
>
> 　＜中略＞
>
> 　この手紙が警察に届くころには，私は東京をはるか遠く離れた，誰にも

> 発見できない場所で，自分自身を「ひき逃げ殺人犯の犯人」として，自分自身を処罰します。
> 　警察のみなさん，ご迷惑をかけて本当にすみませんでした。
> 2001年10月14日
> 警視庁浅草警察署長　殿

自称犯人による「告白書・遺書」(金(2009a)より引用)

　「目撃者の証言」は文字数が約1,500文字で，「告白書・遺書」は約3,400文字であったとされることから，比較的文字数があったといえる。両手紙は，レーザープリンタで印字されたものであり，フォントは両手紙で異なっていたという。このような印字文書の場合，通常の犯罪捜査では指紋の検出やフォントに関する鑑定，またはプリンタの機種に関する鑑定を実施するが，これらの手がかりからの犯人検挙は困難であったようである。そこで，計量的文体分析による犯人性の立証の出番となる。

　分析に際しては，上記2つの手紙の文章を疑問文章とし，また被疑者が過去の交通事故に際して作成した2つの文書（「上申書」，「質問の回答」）に記載されていた文章を対照文章（疑問文章と照らし合わせるための文章）とするとともに，事件に関係のない4名の文章（1名につき5つのテキスト）を無関係文章として分析を行っている。分析では，助詞の使い方に着目し，階層的クラスター分析ならびに主成分分析を実施している。

　階層的クラスター分析の結果（図4.1）によると，無関係文章がそれぞれ4名の著者ごとにクラスターを形成し，これらと別に「目撃者の証言」「告白書・遺書」の疑問文章および「上申書」「質問の回答」の対照文章がすべて同じ1つのクラスターに分類されている。加えて，主成分分析では，「告白書・遺書」の範囲内に「目撃者の証言」「上申書」「質問の回答」の対照文章が布置されるなどの分析結果が得られている（図4.2）。

　以上の結果を基に，「目撃者の証言」「告白書・遺書」が被疑者によって作成された可能性が高いと結論付けられ，その後の取調べにおいて，被疑者である兄が弟を殺害したことを認め，無期懲役の実刑を受けている。

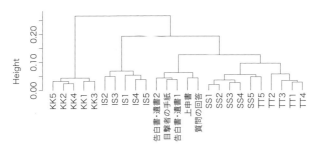

図 4.1 階層的クラスター分析による分析結果（金 (2009a) より引用）

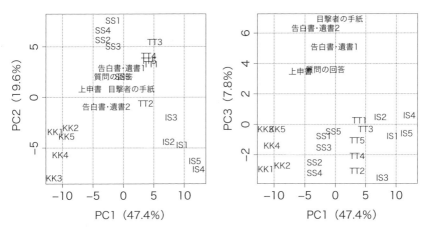

図 4.2 主成分分析による分析結果（金 (2009a) より引用）

4.3 計量的文体分析の種別

前節までに紹介した事例は，計量的な分析に限らなかったが，本書では文章上の文体的特徴を計量的に分析すること，つまりは計量的文体分析のみに特化している。

計量的文体分析は，その目的によって以下の3つに区分されることが多い。

4.3.1 著者照合

「著者照合 (authorship verification)」とは，従来から行われている筆跡鑑定による「筆者の異同識別（筆者識別）」と目的は同じで，匿名である疑問文章（法科学分野においては，犯罪にかかる文章）と対照文章（記載した人物が明確である文章）を照合・検討することで，「疑問文章を記載した人物が対照文章を記載した人物と同一人か否か」を判定する分析手法である。

4.3.2 著者同定

「著者同定 (authorship identification)」とは，複数の容疑者の中で疑問文章を記載した可能性が最も高い人物を抽出するための分析手法で，「著者帰属 (authorship attribution)」とも呼ばれる。

なお，著者照合と著者同定は，複数の容疑者が分析対象として含まれるかで異なるが，分析過程においては本質的に同じと考えられる。したがって，本書では，両分析をまとめて「著者識別（著者の異同識別）」として扱う。

また，「著者」とは，本来は出版物において用いられる用語であり，犯罪に関連した文書など出版物でないものに対して使用することは適切ではないかもしれないが，「筆跡鑑定」における「筆者識別」と区別するために本書では「著者識別」とした。

4.3.3 著者プロファイリング

「著者プロファイリング (authorship profiling)」とは，匿名の文章に関して，その著者の特徴（性別や年齢層など）を文章情報から推定する手法のことである。犯罪現場や被害者などの情報に基づき，犯人像（性別や年齢層，最終学歴，犯罪経歴など）を推定する「犯罪者プロファイリング」と目的は同じと言えるが，文章内の文体的特徴といった文章情報のみを分析対象とする点で相違する。「著者の特徴推定 (authorship characterization)」とも表現される。

次の第5章では，従来の筆跡鑑定による筆者識別を説明した上で，わが国における実際の事件やブログサンプルを用いた「著者識別」に関する調査研究を紹介し，第6章において，「著者プロファイリング」に関する先行研究と著者が行った調査研究を紹介する。

第5章 著者識別（著者照合，著者同定）

5.1 従来の筆跡鑑定

5.1.1 筆跡鑑定とは

著者自身は，実務において筆跡鑑定も行っているが，計量的文体分析による著者識別を説明するには，従来から警察で行われている筆跡鑑定による筆者識別を説明する必要がある。

筆跡鑑定では，複数の筆跡を比較検査して，その筆者が同一人なのか，別人であるのかを識別することが目的であり，専門的には「筆者識別」と呼ばれている（吉田，2004）。本書では，筆跡鑑定の「筆者識別」に対して，計量的文体分析の「著者識別」と呼称しているが，そもそも「著者」という用語は，本来出版された書籍などに用いられることから，犯罪で使用された文書などを扱う場合，「著者」は適切ではないといえる。ただし，本書では筆跡鑑定と区別するため，また複数の先行研究に合わせる意味で「著者識別」としている。

高澤 (1998) によると，筆跡とは，書字運動の一部が固定的に対象化されたものと定義されるもので，筆跡鑑定では，文字を書くという人間行動における筆跡個性（つまり，書きぐせ）を個人識別の手がかりとしている。ちなみに，オールポート (1968) によると，人間の行動は，「対処行動」と「表出行動」に分類できるという。「対処行動」というのは，ある目的を持って行われる，意識的に制御できる行動を意味する。他方，「表出行動」とは，長時間にわたって意識的に変えることが困難な意識下にある行動を意味する。高澤 (1998) は，このオールポート (1968) を引用し，人間の個性は「表出行動」により表現されることが多いことから，この表出行動による筆跡個性を手がかりとすることで筆跡鑑定が

表 5.1 「筆跡鑑定」と「計量的文体分析」の違い

	「筆跡鑑定」による 筆者識別	「計量的文体分析」による 著者識別
分析対象	手書き文字のみ	手書きの文章や印字された文章 サイバー空間上の文章
必要文字数	3, 4 文字以上	500 文字以上
事件に無関係 な人物の資料	必須ではない	分析するために必須

可能になるという。また，筆跡鑑定が成立するための最も重要な根拠として，筆跡の「個人差」と「個人内恒常性」の存在が挙げられる（詳細は後述）。

筆跡鑑定では，書体や特徴的な文字（誤字，誤用，あて字，異体字など）の有無，または配字の状況，文字の外形，不自然な部分（字画線の震え，乱れ，筆継ぎ，明らかな作為など）の有無，筆圧といった筆跡全体の検査に加えて，一文字ごとに字画の構成（始筆，終筆，交差，分岐などの位置や状態など），筆順，入筆方向，終筆形態（とめ，ハネ，抜き），運筆方向などについて検査を行う。

このような筆跡鑑定による「筆者識別」と計量的文体分析の「著者識別」の違いを，表 5.1 にまとめた。筆跡鑑定が，手書き文字のみを対象としているのに対して，計量的文体分析では，手書き文字に限らず，パソコンやインターネット上の掲示板などの文章，印字された文章など分析対象が幅広い。一方で，必要な文字数として，筆跡鑑定では 3, 4 文字程度から可能であるが，計量的文体分析では場合によるが 500 文字以上が望ましい。この計量的文体分析における文字数の影響について，詳しくは本書の調査研究 3 から 5 で検証している。また，筆跡鑑定では主に，疑問資料（犯罪に用いられた文書）と対照資料（疑問文書と同一字体である文字を被疑者などに複数回書かせて取得する資料）を比較検討することで筆者の識別を行うが，計量的文体分析においては，これらの資料に対応する疑問文章と対照文章以外に，対照文章を記載した人物以外の複数人が記載した複数の文章を無関係文章として同時に分析を行う点も異なる。

5.1.2 個人差と個人内恒常性

前述のとおり，筆跡鑑定では，疑問資料と対照資料を比較検討することで筆者の識別を行うが，そこで登場する最も重要な筆跡鑑定の根拠に，「個人差」と「個人内恒常性」がある．

「個人差」とは，個人間における行動特性の違いを意味する．たとえば，誰でも書くような個人差のない特徴であれば，その特徴は筆者識別に有効な特徴とはいえない．したがって，一昔前でいうところの「筆跡の希少性」と呼ばれる，平均的な筆跡の分布から離れた特徴でなければ「個人差」がある特徴とはいえないのである．

もう一方の「個人内恒常性」とは，個人内における行動の安定性または個人内の行動の変動幅（「個人内変動」と呼ばれるもの）が小さいことを意味する．たとえば，疑問資料と対照資料に観察された特徴であっても，そもそも対照資料内でその特徴が繰り返し観察されるものでなければ，筆者の特徴として安定していないといえる．ただし，同様の特徴が100%観察されなければならないわけではなく，ある程度繰り返し観察できる特徴か否かが重要といえる．

以上から，筆跡鑑定では，個人内恒常性が観察されるとともに，個人差を有する特徴が筆者識別に有効となる．逆にいえば，対照資料が一文字列しかないといった状況は，個人内恒常性が確認できないことから好ましくない．図5.1は，3名の筆者が同一文字「富山市」を3回書いた例である．サンプルが少ないことや客観的な分析は抜きにして，各筆者ともに文字の特徴が安定していて「個人内恒常性」を有していることに加えて，始筆位置や傾斜，連続運筆，配字などの特徴が筆者間で異なるといった「個人差」を有していることがわかる．

筆跡の「個人差」と「個人内恒常性」については，高澤・長野 (1976) が，筆者44名に，「木・東・永」の3文字を，7から10日の間隔で15回文章を書かせるといった研究を行い，筆跡鑑定の前提条件である個人差と個人内恒常性を統計的に確認している．

以上の「個人差」と「個人内恒常性」は，計量的文体分析においても同様に根拠となりえるものの，機械学習による分析ではこれらの根拠の説明が困難であるのに対して，多変量データ解析では視覚的に分析結果が提示されるのでこれらの説明が容易といった利点がある．

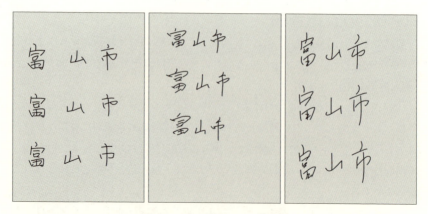

図 5.1　3名の筆者による筆跡例

5.1.3　作為筆跡（模倣と韜晦）

　作為筆跡とは，意図的に自己の筆跡を変えた場合の筆跡で，他人の筆跡を手本として模倣する模倣筆跡と，自分の筆跡を隠蔽する目的で，日常とは異なる筆跡を記載する場合の韜晦筆跡がある。

　吉田 (2004) によると，模倣筆跡の場合，字画の長さや文字全体の形が手本の筆跡に似ていても，入筆部や転折部，終筆部に筆者本人の個性が表出する傾向があるという。このような筆者自身が気付いていない運筆の筆跡は，潜在的筆跡個性と呼称されている。

　韜晦筆跡の場合は，文字全体の外形や字画の長短，形態，字画構成などが変えられる傾向にあるが，入筆方向や筆順などは筆者本人の潜在的筆跡個性が検出されることがあるという（吉田，2004）。

　このように作為筆跡においては，潜在的筆跡個性を検討することで，筆者識別が可能となる。これと同様に，計量的文体分析においても，著者自身が気付いていない無意識の部分に，個人の文章の特徴が現れやすいと考えられている（村上，2004）。Stamatatos (2013) も，著者が無意識的に記載する文体的特徴に着目することが有効であり，その1つとして文字のn-gramが非常に有効な文体的特徴であると述べている。これと同様に，品詞のn-gramなども意識的に変えて記載することが非常に困難な特徴といえよう。

5.2 機械学習による著者識別

5.2.1 機械学習を用いた著者識別研究
(1) 諸外国における研究

諸外国における機械学習を用いた著者識別研究は比較的多く，表 5.2 にまとめた。

先行研究を概観すると，犯罪捜査場面への応用を視野に著者識別研究が行なわれているものの，実際には犯罪に使われた文章を分析対象とするのではなく，ブログや電子メール，個人のエッセイを対象としたものしか存在していない。これは，犯罪に使用された文書などの入手や研究目的への使用が困難であることが理由の 1 つと考えられる。

比較的初期の著者識別研究として，De vel (2000) の研究が挙げられる。De vel (2000) は，電子メールの文体的特徴などに着目し，SVM による分類を試みている。報告によると，著者識別の成績は，①学習用データが少ないほど低下し，②分析に用いる著者数が多いほど低下し，さらには③テキスト内の文字数が少ないほど低下する傾向にあると指摘している。また，文体的特徴の量を増やすほど，成績が上がるものでもないとも述べられている。

Zheng, Li, Chen, & Huang (2006) は，オンライン上のニュースグループメッセージ（英語ならびに中国語）を対象に，語彙の豊富さや単語の長さ，ある文字の出現頻度などに着目し，決定木やニューラルネットワーク，SVM の著者識別の成績を比較検討している。報告によれば，SVM が最も正解率が高く，次いでニューラルネットワーク，決定木の順で正解率が高かったとされる（ただし，SVM とニューラルネットワークに有意差はなかった）。また，Hadjidj, Debbabi, Lounis, Iqbal, Szporer, & Benredjem (2009) は，電子メールを対象に，決定木 (C4.5) と SVM を分類器に用いて検証した結果，それぞれ 77%と 71%の成績が得られ，決定木の方で成績が良かったようである。Nirkhi, Dharaskar, & Thakare (2015) は，文字の n-gram ならびに単語の n-gram に着目し，unigram から trigram の 3 パターンについて，それぞれ SVM と k 最近傍法を用いた推定成績を検証している。その結果によると，SVM では，単語の unigram におい

表 5.2 諸外国の機械学習による「著者識別（著者同定・著者照合）」研究

研究者	発刊年	媒体	文体的特徴	分類器	最高推定成績
Matthews & Merriam	1993	作品（シェークスピアとジョン・フレッチャー）	機能語	ニューラルネットワーク	正解率：90.0%（学習用データでの交差検証法）
Merriam & Matthews	1994	作品（シェークスピアとマーロウ）	機能語	ニューラルネットワーク	正解率：93.0%（検証用データ）
Lowe & Matthews	1995	作品（シェークスピアとジョン・フレッチャー）	機能語（are, in, no, of, the）	RBF(Radial Basis Function)ニューラルネットワーク	正解率：99.0%
Hoorn, Frank, Kowalczyk, & Ham	1999	オランダ語ポエム	文字の bigram と trigram	ニューラルネットワーク，ナイーブベイズ，k 最近傍法	正解率：83.6%（ニューラルネットワーク） 正解率：80.3%（k 最近傍法）
De vel	2000	電子メール	単語の総数，単語の長さ，文字数など	SVM	正解率：71.7%〜85.7%
De vel, Anderson, Corney, & Mohay	2001	電子メール	文の長さ，語彙の豊富さ，機能語，挨拶文の有無など	SVM	（全特徴を用いった場合の）F 値：77.6%〜91.6%
Abbasi & Chen	2005	Web フォーラムメッセージ	文字や単語，文章の構造など 301 の特徴	SVM, 決定木(C4.5)	正解率：97.0%(SVM) 正解率：90.1%（決定木）
Zheng, Li, Chen, & Huang	2006	ニュースグループメッセージ	語彙の豊富さ，単語の長さ，機能語や品詞などの頻度	SVM, 決定木, ニューラルネットワーク	正解率：97.69%（SVM, 英語） 正解率：88.33%（SVM, 中国語）
Hadjidj, Debbabi, Lounis, Iqbal, Szporer, & Benredjem	2009	Enron Corpus（電子メール）	機能語をはじめとする 400 の特徴	SVM, 決定木	正解率：71.0%(SVM) 正解率：77.0%（決定木）
Sun, Yang, Liu, & Wang	2012	Amazon のカスタマーレヴュ	文字の n-gram	SVM, SRSE, SGAE, IGAE	正解率：92.96%(SVM) 正解率：94.32%(IGAE)
Nirkhi, Dharaskar, & Thakare	2015	Reuters Corpus	文字や単語の n-gram	SVM, k 最近傍法	正解率：93.3%(SVM) 正解率：74.2%（k 最近傍法）

て 93.3%の正解率を得た一方で，単語の trigram においては 60.0%の正解率しか得られなかったとされる。また，k 最近傍法は，SVM に比べるとあまり成績が良くなかったようで，最高でも文字の bigram（ないし trigram）で 74.2%の正解率であったと報告されている。

以上の先行研究をみると，一昔前はニューラルネットワークが用いられることが多かったものの，近年では SVM が多用されている傾向がわかる。

(2) 日本における研究

日本の著者識別研究の傾向として，90 年代までは主に多変量データ解析が用いられていたのに対して，2000 年以降は機械学習による著者識別研究が散見されるようになる。

たとえば，金・村上 (2007) は，小説や作文，日記を題材にして，ランダムフォレスト，SVM，k 最近傍法，学習ベクトル量子化法，バギング，ブースティングの機械学習法の成績を比較し，ランダムフォレストの有効性を報告している。同様に，三品・松田 (2013) は，小説やブログ記事における読点前の文字や単語の長さ，助詞の分布などの文体的特徴に着目し，決定木やブースティング，バギング，ランダムフォレストを用いた著者識別の成績を比較している。その結果，読点前の文字や品詞の n-gram といった文体的特徴の有効性が確認されたほか，ランダムフォレストが最も成績が良かったという。さらに，金 (2014) は，ランダムフォレストや SVM に加え，距離加重判別や高次元判別分析といった分類器を統合することで著者の識別力を上げる方法を提案している。

5.2.2　機械学習による方法の問題点

このように，最近では機械学習を用いた著者識別研究が増加傾向にあるが，Juola (2006) は，たとえコンピュータが算出した結果が正しいとしても，法廷では裁判員の理解が得られにくい機械学習を用いるべきではないとしている。機械学習は，その分析過程がブラックボックスであり，なぜそのような著者に関する判定の結論がなされるのかといった説明が困難といえる。また，機械学習では，それぞれの文章の類似性などを視覚的に把握することもできない。著者に関する判定を行う際には，前述の筆跡鑑定と同様に，「個人差」や「個人内恒常性」といった根拠の説明が不可欠であるが，機械学習においてはそのような

根拠に照らし合わせた説明は不可能となる。裁判では，裁判官や裁判員に，その分析内容をある程度理解して納得してもらう必要がある。ましてや，鑑定として実施する場合はなおさらといえる。

他方，多変量データ解析による著者識別では，この「個人差」や「個人内恒常性」を視覚的に把握できるなどの利点があることから，法科学分野における著者識別には機械学習よりも多変量データ解析が適しているとされる (Juola, 2006)。

5.3 多変量データ解析による著者識別

5.3.1 多変量データ解析による著者識別研究

多変量データ解析による著者識別研究の多くは，1950年代から2000年代に登場し，機械学習の研究に先行している。

まず，最も用いられてきた多変量データ解析として，主成分分析が挙げられる。Burrows (1989) をはじめ，主成分分析を用いた研究も数多く存在する (Abbasi & Chen, 2006; Binongo, 2003; Burrows, 1989; Can, 2014; Grant & Baker, 2001; Jamak, Savatić, & Can, 2012; Juola, 2006; Savoy, 2011)。わが国においても，金明哲氏の初期における多くの研究（金・樺島・村上，1993b; 金，1994; 金，1996a; 金，2002b）で主成分分析が用いられているほか，最近では土山（2016）や上阪 (2016) といった研究がみられる。

主成分分析に類似した多変量データ解析に因子分析がある。わが国では文章心理学という分野の第一人者であり，文献を計量的に分析した最初の人物とされる安本 (1959) が，日本の現代作家の分類に因子分析を用いているほか，Palme (1949) が100名の作品における名詞や形容詞など13項目に着目した因子分析によって3つの性格グループに分類しているが，最近ではほとんど使われていない。

クラスター分析を使った研究も比較的多いことは 3.4 節でも述べたとおりである。たとえば，Iqbal, Binsalleeh, Fung, & Debbabi (2010) は，クラスター分析を基に，著者数3名で90%の成績が得られたものの，著者数を10名に増加したことで成績が低下したと報告している。

対応分析については，Riba & Ginebra (2005) や田畑 (2004)，Tabata (2007) が使用し，多次元尺度法については，Juola (2006) に使用例が紹介されているものの，これらの分析手法は意外と使われていないようである。
　このほかの多変量データ解析に判別分析がある。早期の著者識別研究である Cox & Brandwood (1959) や Mosteller & Wallace (1963) は判別分析を用いていた。最近では，Chaski (2005) が，10名の著者における，仕事上の手紙や個人エッセイの単語や構文などに着目して，線形判別分析を実施したところ，95.7%（92%～98%の範囲）で正しく著者を識別できたとされている。わが国でも，いくつか研究が散見される（萩野谷，2009；金・樺島・村上，1993b；金，1997）。
　以降の調査研究では，実際の犯罪に関与した電子掲示板への書き込みや文書，またはブログなどの一般的な文章を使って，多変量データ解析による著者識別を実施し，その有効性について検証していく。

5.3.2 「パソコン遠隔操作事件」の犯人性立証への計量的文体分析の試み（調査研究1）

　前述のとおり，現在までの著者識別研究は，諸外国をはじめ，わが国の先行研究においても，文学作品や電子メール，ブログ，Twitter などを中心に行われており，犯行声明文や誹謗中傷文，脅迫文といった実際の犯罪にかかわった文書を対象とした研究は皆無であった。犯罪が関与する文書や電子メールなどの場合，文学作品やブログなどと異なり，犯罪の証拠が残らないように著者が意図的に文章表現を変え，文体的特徴が変化する可能性がある。このようなことも踏まえて，まずわが国の犯罪にかかわった文章を対象に，多変量データ解析による著者識別の有効性について2つの調査研究を通じて検討することとした。
　目的
　第1章で紹介した「パソコン遠隔操作事件」について，書き込まれた文章を計量的に文体分析した事例は見当たらない。このことから，まず本調査研究では，「パソコン遠隔操作事件」における9つの事件（いわゆるハイジャック防止法違反など）の文章を匿名の疑問文章に想定し，また2005年に真犯人であるKが実行し，その後に自供した「のまねこ事件」などに関連する文章を対照文

章と想定して，犯人性立証のための著者識別が可能であったかを検証する．

方法

(1) サンプル

「パソコン遠隔操作事件」にかかる 9 事件の文章ならびに「のまねこ事件」などで書き込まれた文章について，1 事件につき 1 テキストファイル（以下，テキスト）を作成した．「パソコン遠隔操作事件」に関連する 9 テキストが疑問文章で，「のまねこ事件」に関連する 5 テキストが対照文章となる．文字数は，「パソコン遠隔操作事件」の事件 1 から 9 の順で，230 字，78 字，215 字，106 字，112 字，104 字，131 字，206 字，178 字であった（テキスト名：パソコン 1 からパソコン 9）．対照文章である「のまねこ事件」の文章の文字数は，順に 265 字，471 字，470 字，143 字，208 字であった（テキスト名：のまねこ 1 からのまねこ 5）．

無関係文章については，①ブログから取得したものと②過去の事件で実際に使用された犯行声明文や脅迫文を収集した．①ブログのサンプルについては，インターネットサイト「にほんブログ村 (http://diary.blogmura.com/)」から，真犯人であった K と同じ 30 代男性を対象として，「その他 30 代男性日記」のランキング 1 位から順に選定することで内容に依存しない選定方法を採用した．次に，文単位の繰り返しのないランダムサンプリングを実施し，各著者につき 3 つのテキストを作成した（1 テキスト 1,000 文字程度，テキスト名：a1〜a3, b1〜b3, c1〜c3, d1〜d3, e1〜e3, f1〜f3, g1〜g3, h1〜h3, i1〜i3, j1〜j3）．犯行声明文や脅迫文は，「赤報隊事件 (1987-1990)」，「東京・埼玉連続幼女誘拐殺人事件 (1988-1989)」，「神戸連続児童殺傷事件 (1997)」，「黒子のバスケ脅迫事件 (2012-2013)」の 4 つの事件で使用された文章を用いた．事件サンプルについても，ブログサンプルと同様に，文単位のランダムサンプリングを実施することで，テキストを作成した（SEKIHO1〜SEKIHO5, TSY1〜TSY5, KOBE1〜KOBE5, KB1〜KB4）．

(2) データセットの構築

すべてのテキストの形態素解析を実施し，文を形態素に分割した上で，品詞情報を付与した．続いて，次に述べる文体的特徴の出現頻度を算出し，総度数（各セルの度数をテキストごとで合算した値）によって除算した値（相対度数）

に変換し，データセットを作成した．

（文体的特徴）

- 非内容語の使用率：単独で意味を持つ名詞・動詞・形容詞の内容語（「文字」「歩く」「美しい」など）を除いた，各形態素の割合．
- 品詞の trigram：テキスト内の隣接する品詞の 3 連鎖の割合で（「名詞+動詞+助詞」など），全テキストにわたる出現頻度が 10 以下の変数は分析から除外した．
- 助詞の bigram：テキスト内の隣接する助詞の 2 連鎖の割合で（「の（助詞）+を（助詞）」など），全テキストにわたる出現頻度が 5 以下の変数は分析から除外した．
- 文字の bigram：テキスト内の隣接する文字の 2 連鎖の割合で（例，「ら+ん」など），全テキストにわたる出現頻度が 50 以下の変数は分析から除外した．

(3) 分析手法

調査研究 1 では，多変量データ解析の中でも，階層的クラスター分析を用いた．距離として SKLD 距離を，クラスター形成のためのアルゴリズムには Ward 法を採用した．

(4) 分析手続き

疑問文章（「パソコン遠隔操作事件」にかかる 9 つの文章）と対照文章（「のまねこ事件」にかかる 5 つの文章），および無関係文章（10 名のブログと 4 つの犯行声明文や脅迫文）内の 4 つの文体的特徴（非内容語の使用率，品詞の trigram，助詞の bigram，文字の bigram）に着目して，階層的クラスター分析を実施した．階層的クラスター分析で得られたデンドログラムにおけるテキストのクラスターの関係性を検討することで，疑問文章と対照文章の著者が同一人か否か推定した．

結果

非内容語の使用率（図 5.2），品詞の trigram（図 5.3），助詞の bigram（図 5.4），文字の bigram（図 5.5）に着目した階層的クラスター分析の結果を示す．

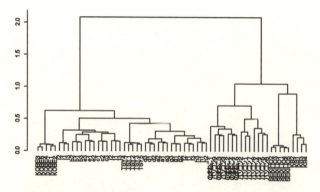

図 5.2　非内容語の使用率に関する分析結果（財津・金 (2018d) より引用）

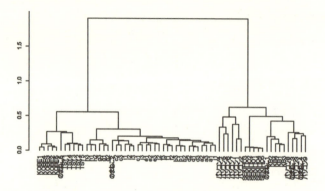

図 5.3　品詞の trigram に関する分析結果（財津・金 (2018d) より引用）

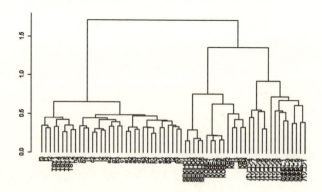

図 5.4　助詞の bigram に関する分析結果（財津・金 (2018d) より引用）

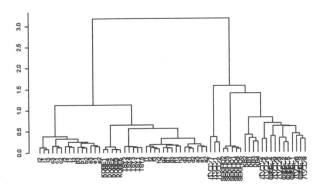

図 5.5 文字の bigram に関する分析結果（財津・金 (2018d) より引用）

考察

分析結果によると，「パソコン遠隔操作事件」の 9 事件の文章と「のまねこ事件」関連の 5 事件の文章は，それぞれクラスターを形成して近接，あるいはそれぞれの事件が混在してクラスターを形成するといった結果が複数得られた。無関係文章については，疑問文章のクラスターや対照文章のクラスターと異なるクラスターをおおむね形成した。「黒子のバスケ脅迫事件」の犯人は，「パソコン遠隔操作事件」の犯人 K と同じ 30 代男性であったためか，一部の結果でクラスターが「パソコン遠隔操作事件」のクラスターに比較的近接もしくは混在した。ただし，全体的には「パソコン遠隔操作事件」のテキストとは異なるといった結果が得られた。なお，品詞の trigram においては，「パソコン遠隔操作事件」のテキストが 2 つに分離し，かつ「のまねこ事件」のテキストも他の無関係文章に混在した結果もみられたが，この結果は著者が異なることを意味するほど大きな相違とは考えられず，個人内の変動における相違と考えた。

以上から，本調査研究では，「パソコン遠隔操作事件」の文章と「のまねこ事件」における文章は，同一人によるものである可能性を示唆した。

5.3.3 実際の事件で用いられた文章に関する著者識別の検討（調査研究 2）

目的

調査研究 1 では，「パソコン遠隔操作事件」を題材に，著者識別の有効性を検

討した。続く調査研究2では，疑問文章として1997年に兵庫県神戸市須磨区で発生した当時14歳の中学3年生（以降，少年Aとする）による「神戸連続児童殺傷事件」の犯行声明文を題材に，著者識別の有効性について検討する。

対照文章には，少年Aが作成したとされる文章を用いた。また，無関係文章として，少年Aと同年代である中学生の作文を用いると同時に，犯行声明文といった特殊性を考慮し，過去のいくつかの事件で実際に使用された犯行声明文を用いた。両無関係文章は，調査研究1とは違い，別々に分析を行った。

さらに，調査研究2では，疑問文章のみを少年Aとは異なる人物が作成した犯行声明文に替えて同様の分析を実施し，両著者組合せ条件の違いについても検討した。

方法

(1) サンプル

本調査研究では，インターネットサイトや書籍を探索することで，次に記載の文章を分析の対象とした。

ア）著者組合せ条件「同一人」における疑問文章「少年A」

「神戸連続児童殺傷事件」における犯行声明文1点。少年Aが神戸新聞社に送付したものとされている。

イ）著者組合せ条件「別人」における疑問文章「狼」

1974年東京都千代田区丸の内地内で発生した「三菱重工爆破事件」に関する犯行声明文1点。解決済事件のものである。

ウ）対照文章「少年A」

少年Aが作成したとされるもの。少年Aがノートに筆記具を用いて記述した犯行告白文4点と作文1点である。

エ）無関係文章「中学生作文」

5名の中学生が作成した作文5点である。

オ）無関係文章「犯行声明文」

「赤報隊事件(1987-1990)」，「東京・埼玉連続幼女誘拐殺人事件(1988-1989)」，「パソコン遠隔操作事件(2012)」，「黒子のバスケ脅迫事件(2012-2013)」の4つの事件に関係した犯行声明文を用いた。

(2) テキストの作成およびデータセットの構築

それぞれの文書に記載されている文章を基に，電子形式のテキストを作成した．本調査研究では，文の数といった要因を排除するために，「少年 A」の疑問文章の 25 文に合わせて，その他のテキストを 25 文に作成した．

疑問文章「少年 A」は，25 文で構成されたテキスト (KOBE) 1 つとして扱った．疑問文章「狼」は，13 文のままで 1 テキストとして扱う場合と，文単位で繰り返しありのランダムサンプリングを行った 25 文 1 テキストを扱う場合について比較検討することとした．

対照文章の 5 点については，1 つのテキストにまとめ，まとめた 58 文それぞれの文に番号を付し，繰り返しのないようランダムサンプリングを実施し，25 文 2 テキスト (KOBE「X1」，KOBE「X2」) を作成した．

無関係文章「中学生作文」のそれぞれの文章については，5 名の作文それぞれの文に番号を付け，各文の数に比例して，それぞれ 25 文の 3 テキスト (A1-A3)，2 テキスト (B1, B2)，3 テキスト (C1-C3)，2 テキスト (D1, D2)，2 テキスト (E1, E2) になるように繰り返しのないランダムサンプリングを実施した．無関係文章「犯行声明文」についても，事件別でテキストをまとめた上で，重複のないようにランダムサンプリングを行い，それぞれ 25 文の 2 テキスト (「赤報隊事件」：SE1, SE2)，5 テキスト (「東京・埼玉連続幼女誘拐殺人事件」：TS1-TS5)，4 テキスト (「パソコン遠隔操作事件」：PC1-PC4)，3 テキスト (「黒子のバスケ脅迫事件」：KU1-KU3) を作成した．

（文体的特徴）

本調査研究では，次の文体的特徴に着目して度数を算出し，度数から相対度数を算出した．

- 文字の bigram：「テキ」，「キス」，「スト」など．カットオフ値を設定し，各変数において全テキストにわたる度数の合計（総度数）が 10 以下の変数を変数 others として 1 つにまとめた上で分析を行った．
- 品詞の bigram：品詞は同じ助詞であっても第 1 階層「助詞」，第 2 階層「助詞－格助詞」，第 3 階層「助詞－格助詞－連語」といったように階層に分類できるが，本調査研究 2 では，品詞の第 2 階層までの情報を使用した．記

号については，分析対象から除外した。
- 文の長さ：「5 文字以下」，「6 から 10 文字」，「11 から 15 文字」といった 5 文字単位を変数として度数を算出の上，テキストごとで相対度数を算出した。100 文字以上の場合は，変数 others としてまとめた上で分析した。
- 漢字・ひらがな・カタカナの使用率：漢字・ひらがな・カタカナの度数を算出してテキストごとの相対度数を算出した。

以上の文体的特徴に着目し，①15 テキスト（疑問文章 1，対照文章 2，無関係文章「中学生作文」12）×237 変数（文字の bigram），②15 テキスト（①と同じ）×514 変数（品詞の bigram），③15 テキスト（①と同じ）×20 変数（文の長さ），④15 テキスト（①と同じ）×3 変数（漢字・ひらがな・カタカナの使用率），⑤17 テキスト（疑問文章 1，対照文章 2，無関係文章「犯行声明文」14）×181 変数（文字の bigram），⑥17 テキスト（⑤と同じ）×550 変数（品詞の bigram），⑦17 テキスト（⑤と同じ）×20 変数（文の長さ），⑧17 テキスト（⑤と同じ）×3 変数（漢字・ひらがな・カタカナの使用率）の計 8 つのデータセットを作成した。

(3) 分析手法

ア）多次元尺度法

　文章の解析のように変数が非常に多い場合は，SKLD 距離が有効であるとされていることから，本分析についても SKLD 距離を用いた。また，多次元尺度法には，距離データから類似している個体を群分けするアルゴリズムがいくつかあるが，本調査研究では非計量的多次元尺度法である sammon multi-dimensional scaling（以下，sammonMDS とする）を用いた。

イ）階層的クラスター分析

　本調査研究では，多次元尺度法と同様に，SKLD 距離を分析に用いた。また，階層的クラスター分析においても，距離データから類似している個体を群分けするアルゴリズムがいくつかあるが，本調査研究では広く用いられている Ward 法を用いた。

(4) 分析手続き

ア）著者組合せ条件「同一人」の検討

　疑問文章「少年 A」と対照文章「少年 A」について，前述した無関係文章「中学生作文」を含むデータセット①から④ならびに無関係文章「犯行声明文」を含むデータセット⑤から⑧を用いて，多次元尺度法と階層的クラスター分析を行った。

　以上の計 16 の分析結果を基に，各テキストの布置関係を比較検討した。

イ）著者組合せ条件「別人」の検討

　疑問文章「狼」と対照文章「少年 A」についても，無関係文章「中学生作文」「犯行声明文」を用いて，上記の 16 分析と同様の分析手続きを行った。

　ただし，疑問文章「狼」のみ，13 文の原文のままの場合と繰り返しのないランダムサンプリングによって作成された 25 文の場合について分析を行い，文の数の影響を含めて比較検討した。

結果

(1) 無関係文章「中学生作文」を用いた，著者組合せ条件「同一人」

ア）文字の bigram

　多次元尺度法の結果を図 5.6(a) に示した。疑問文章「少年 A」のテキストは，相対的に対照文章「少年 A」の 2 つのテキストに近接して布置したものの，無関係文章「中学生作文」の「C1」「D2」とも同程度の距離に布置した。階層的クラスター分析では，対照文章「少年 A」や無関係文章「中学生作文」のテキストがそれぞれの著者ごとでクラスターを形成し，疑問文章「少年 A」のテキストが対照文章「少年 A」のクラスターに近接した（図 5.6(b)）。

イ）品詞の bigram

　多次元尺度法による分析の結果（図 5.6(c)）によれば，疑問文章「少年 A」のテキストは，2 つの対照文章「少年 A」のテキストの間に布置された。加えて，無関係文章「中学生作文」のそれぞれのテキストが著者別で近接して布置するとともに，疑問文章「少年 A」のテキストから離れて布置された。次の階層的クラスター分析に関する結果（図 5.6(d)）であるが，疑問文章「少年 A」は，対照文章「少年 A」の「KOBE「X2」」と分離した

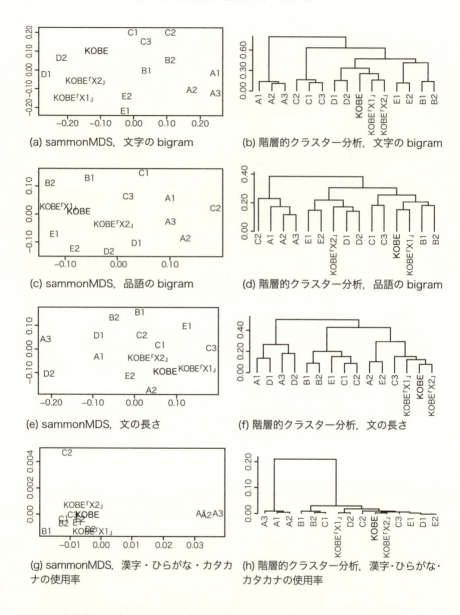

図 5.6 無関係文章「中学生作文」を用いた，著者組合せ条件「同一人」の結果（財津・金 (2015) より引用）
疑問文章「少年 A」：KOBE, 対照文章「少年 A」：KOBE「X1」，「X2」，無関係文章（中学生作文：A1-A3, B1, B2, C1-C3, D1, D2, E1, E2）

ものの，対照文章「少年 A」の「KOBE「X1」」と同じクラスターを形成した。無関係文章「中学生作文」については，「C2」を除き，それぞれ同一著者のテキストでクラスターを形成した。

ウ) 文の長さ

図 5.6(e) で示すとおり，多次元尺度法による分析の結果，疑問文章「少年 A」は，ほぼ 2 つの対照文章「少年 A」のテキストの間に布置された。また，階層的クラスター分析を実施したところ，疑問文章「少年 A」のテキストが 2 つの対照文章「少年 A」の間に位置した（図 5.6(f)）。無関係文章「中学生作文」のテキストについては，「B1」「B2」を除いて，テキストが混在する形でクラスターを形成した。

エ) 漢字・ひらがな・カタカナの使用率

多次元尺度法による結果が図 5.6(g) である。この結果によると，疑問文章「少年 A」は，2 つの対照文章「少年 A」のテキストの間に布置されたものの，「A1」「A2」「A3」「C2」を除いて，無関係文章「中学生」のテキストも近接し，群を成して布置されている。階層的クラスター分析の結果（図 5.6(h)）については，疑問文章「少年 A」のテキストが，対照文章「少年 A」の 2 テキストの間に位置しているものの，無関係文章「中学生」の複数のテキストが混在してクラスターを形成した。

(2) 無関係文章「犯行声明文」を用いた，著者組合せ条件「同一人」

ア) 文字の bigram

多次元尺度法の結果（図 5.7(a)）から布置関係を概観すると，疑問文章「少年 A」は，対照文章「少年 A」のテキスト群から多少離れて布置されたが，相対的には他の無関係文章のテキスト群からも分離されたといえる。階層的クラスター分析の結果によると，疑問文章「少年 A」は，対照文章「少年 A」の 2 つのテキストと近接してクラスターを形成したことがわかる（図 5.7(b)）。加えて，無関係文章「犯行声明文」のテキストは，事件ごとにまとまってクラスターを形成した。

イ) 品詞の bigram

多次元尺度法の分析結果によると，疑問文章「少年 A」が，対照文章「少年 A」の 2 つのテキスト間に布置されたようにみえるが，同程度の距離に

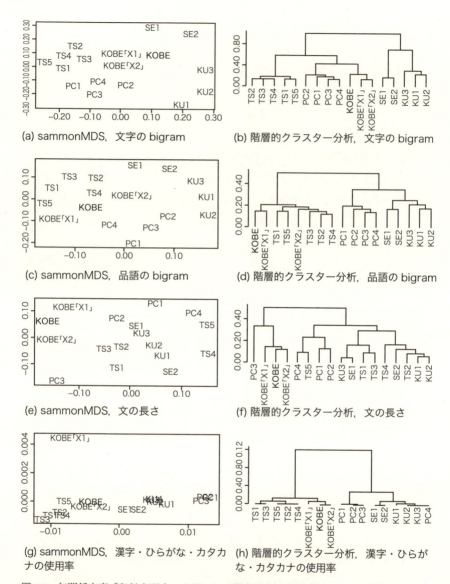

図 5.7 無関係文章「犯行声明文」を用いた，著者組合せ条件「同一人」の結果（財津・金 (2015) より引用）

疑問文章「少年 A」：KOBE，対照文章「少年 A」：KOBE「X1」，「X2」，無関係文章（赤報隊事件：SE，東京・埼玉連続幼女誘拐殺人事件：TS，パソコン遠隔操作事件：PC，黒子のバスケ脅迫事件：KU）

無関係文章の「東京・埼玉連続幼女誘拐殺人事件」のテキストや「パソコン遠隔操作事件」のテキストも近接している（図 5.7(c)）。階層的クラスター分析では，疑問文章「少年 A」と「KOBE「X1」」が同じクラスターを形成したが，対照文章「少年 A」のテキスト「KOBE「X2」」と分離している。その他の無関係文章「犯行声明文」は，おおむね事件ごとにクラスターを形成した（図 5.7(d)）。

ウ）文の長さ

多次元尺度法の結果によると，疑問文章「少年 A」は，ほぼ対照文章「少年 A」の 2 つのテキスト間に布置されたと同時に，無関係文章のテキスト群から相対的に離れて布置された（図 5.7(e)）。加えて，階層的クラスター分析では，疑問文章「少年 A」が，対照文章「少年 A」の 2 つのテキスト間に位置し，同一のクラスターを形成した（図 5.7(f)）。無関係文章のテキストは，それぞれ混在した形でクラスターを形成している。

エ）漢字・ひらがな・カタカナの使用率

図 5.7(g) に，多次元尺度法による分析結果を示した。図 5.7(g) を概観すると，疑問文章「少年 A」が，対照文章「少年 A」の 2 つのテキスト間に布置すると同時に，「KOBE「X2」」にかなり近接した。ただし，「KOBE「X1」」のみ離れて布置された。また，疑問文章「少年 A」は，無関係文章のそれぞれのテキスト群からも分離して布置したことがわかる。階層的クラスター分析についても，図 5.7(h) が示すとおり，疑問文章「少年 A」のテキストが，対照資料「少年 A」の 2 つのテキストの間に位置してクラスターを形成した。無関係文章のテキスト群は，事件ごとに同一のクラスターを形成している。

(3) 疑問文章「狼」を用いた，著者組合せ条件「別人」

13 文の疑問文章「狼」を用いて，上記の疑問文章「少年 A」と同様に 16 の分析を実施した。その結果によると，1 分析のみ疑問文章「狼」のテキストが対照文章「少年 A」のテキスト群に近接したが，その他 15 の分析ではすべて対照文章「少年 A」と大きく分離して布置するか，異なるクラスターを形成した。同様に，ランダムサンプリングによって作成した 25 文の疑問文章「狼」についても，同様の結果が得られた。以上の分析結果の布置図などは省略する。

考察

　調査研究2では,「神戸連続児童殺傷事件」の犯行声明文の文章を用いて,著者識別の有効性を検討することを目的とした。分析に際しては,文字や品詞のbigram,文の長さ,漢字・ひらがな・カタカナの使用率に着目して多次元尺度法および階層的クラスター分析を行った。著者組合せ条件「同一人」の結果によれば,疑問文章「少年A」は,16分析中10分析において,対照文章「少年A」の2つのテキスト間に布置し,残り4分析で相対的に対照文章「少年A」に近接して布置された。それと同時に,疑問文章「少年A」が,無関係文章「中学生作文」「犯行声明文」のテキスト群から離れて布置されるといった複数の結果が得られた。他方,著者組合せ条件「別人」においては,疑問文章「狼」が,対照文章「少年A」に近接して布置されたのは,16分析中1分析のみであった。つまり,疑問文章と対照文章が同一著者の場合,両文章における文体的特徴の類似性が高いのに対して,無関係文章とは類似性が低いことを示したといえる。一方,疑問文章と対照文章の著者が異なる場合は,両文章の文体的特徴の類似性は低いことを示唆している。

　調査研究1および2の結果から,実際に犯罪が関連する文章においても,文体的特徴を基にして著者識別が可能であることが示唆された。

5.3.4　多変量データ解析の著者識別に関する考察ならびに問題点とその方策
(1)　科学鑑定として

　まず,多変量データ解析による著者識別が,科学鑑定となりえるかについて考察したい。中丸(1999)によると,科学とは,「観察可能で数量化できる現象を対象に,科学原則というルールに則って,その現象を理解・説明・予測・制御する方法」とされる。そして,科学原則には,①単純性(経済性),②整合性(一貫性),③反証可能性,④実証性,⑤再現性の5つがあるという。これらの科学原則に沿って本手法をみると,①「著者によって,文体的特徴が異なる」という事実によって単純に説明ができる,②著者が識別可能であるという事実は多くの先行研究で検証されている,③反証可能性を検討することが可能である,④文章を数量化した客観的データを扱っている,⑤分析者が異なっても同じ手続きに従えば同一の結果が得られる。このことから,本手法は,科学原則

を満たした科学的な方法であると考える。また，科学鑑定の基本として，「対照資料との比較」が挙げられるが，本手法も疑問文章と対照文章との比較によって行われることから，科学鑑定の基本を満たしているといえよう。

(2) 分析結果の頑健性

多変量データ解析による著者識別では，複数の文章種別や文体的特徴に対して，複数の分析手法を行い，同様の結果が得られるといった「Robustness（頑健性）」が重要となる。本手法では，分析者が数限りない文体的特徴や統計手法を恣意的に選択して分析するが，多角的な視点で検討することで，疑問文章が対照文章から離れず，かつ無関係文章と分離されるという結果が一貫して得られるのであれば，その結果は頑健性を有しており，疑問文章と対照文章の著者は同一人であるといった結論が得られる。逆に，いくつもの分析結果で，疑問文章と対照文章が分離されるという結果が得られるのであれば，両文章は別人によるものと結論付けられよう。これに関連して，Koppel, Schler, & Argamon (2013) も，異なる著者による疑問文章と対照文章にもかかわらず，誤って「同一人によるもの」と推定してしまう「偽陽性」を防ぐためにも，「Robustness（頑健性）」の検証は必要不可欠であると述べている。

(3) 分析結果に基づく鑑定結論について

計量的文体分析による著者識別においては，複数の分析結果に基づき著者に関する結論を導き出す。たとえば，疑問文章が対照文章のクラスターの間に位置する結果が複数得られている場合は，両文章は「同一人」によるものと推定できるかもしれない。一方で，疑問文章が，対照文章のテキスト群と分離する結果が複数得られているのであれば，疑問文章と対照文章は「別人」によるものと推定できるかもしれない。しかし，現段階では，複数回の多変量データ解析で得られた分析結果を基に，著者に関する結論（同一人か別人か）を出すための根拠や判定基準がない点が問題といえる。言い換えると，複数の分析結果を統合し，著者に関する最終的な結論を導き出す過程に標準化された手続きがないために，その結論の導出が経験に依拠しているといわざるを得ない。極端なケースでは，分析者によって評価・結論が異なる可能性がある。

そこで，従来の判定手法に比べて，より標準化した手法にすべく，以降では，分析結果に対するスコアリング手法を考案した。詳細は次のとおりである。

5.3.5 分析結果に対するスコアリングルールの導入

まず概要を説明すると，多変量データ解析で得られる分析結果（2次元上におけるテキストの布置関係や階層的クラスター分析のデンドログラム）に対して，あるルールに沿うことで得点を付与し，複数の分析結果における得点の合算値に基づいて，疑問文章と対照文章が「同一人」によるのか「別人」によるのかといった著者識別の判定を行う手法である。このルールでは，疑問文章と対照文章の類似性をスコアリングし，両文章が類似している場合に得点が正値に，類似していない場合に得点が負値になるといったことを想定している。

多変量データ解析には，主成分分析や対応分析，多次元尺度法といった2次元上にテキストが布置されて分析結果が表現されるものと，階層的クラスター分析のようにデンドログラムで分析結果が算出されるものがある。このことから，2つのタイプの多変量データ解析に沿い，スコアリングルールを導入した。

(1) 2次元上のテキスト布置関係を基にしたスコアリングルール

先に図5.8に，スコアリングルールイメージ図を示す。たとえば，疑問文章（1テキスト）と対照文章（1名，6テキスト），無関係文章（4名×6テキスト）を分析するとする。図5.8は，多変量データ解析を実施し，それぞれのテキス

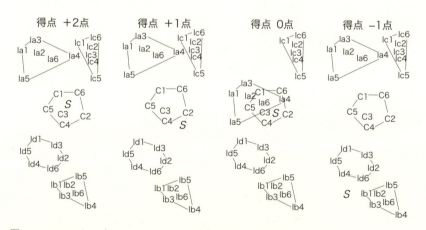

図5.8 スコアリングルールのイメージ図（財津・金 (2017a) より引用）
疑問文章：S，対照文章：C1～C6，無関係文章：Ia1～Ia6, Ib1～Ib6, Ic1～Ic6, Id1～Id6，実線は，著者ごとの凸包ポリゴンを示している。

トを 2 次元上に布置した後に，1 名の対照文章および 4 名の無関係文章のテキスト布置関係を基に，5 名分 5 つの凸包ポリゴンを作成した図である（凸包ポリゴンとは，同一著者のテキストにおいて，多角形の辺上またはその内側にすべての点を含む最小の図形のこと）。本スコアリングルールは，各凸包ポリゴンと疑問文章の布置関係を検討し，得点を付与するものである。

　具体的には，主成分分析や対応分析，あるいは多次元尺度法を実施し，対照文章の凸包ポリゴンが，無関係文章の凸包ポリゴンの一部分でも重なり，テキスト群が混在して布置された場合は，分析の前提条件である個人差を確認できなかったとして 0 点と設定している。他方，対照・無関係文章の凸包ポリゴンが一部分も重ならなかった場合に，次の 3 パターンで得点を付与した。第 1 に，疑問文章が，対照文章の凸包ポリゴン内に布置された場合に +2 点とした。第 2 に，疑問文章が，対照文章の凸包ポリゴン外に布置し，かつ対照文章と距離が最も近い場合に +1 点とした。第 3 に，疑問文章が，対照文章と比較して，無関係文章に最も近接して布置された場合を −1 点と設定した。

　このようなルールを想定した理由として，本手法は，対照文章群と無関係文章群がそれぞれ分離し，文体的特徴に関する個人差が確認できることが前提条件となるからである。ただし，2 次元上に布置された対照文章群と無関係文章群が混在しているのか，また疑問文章が対照文章に近接して布置されたのかといった判断については，恣意的ではない方法を採用すべきと考えた。このことから，本研究では，対照・無関係文章群に関して，凸包ポリゴンという概念を採用した。

　本スコアリングルールは，警察鑑定の 1 つであるポリグラフ検査のリッケンスコア (Lykken Scoring) と呼ばれる得点付与のルールを参考に考案した (Lykken, 1959)。ポリグラフ検査は一般的に「嘘発見」技術と思われがちであるが，実際には「記憶検査の一種」とされている（小林・吉本・藤原，2009；小川・松田・常岡，2013；財津，2014）。犯罪事実である 1 つの裁決質問（実際の事件で使われた凶器「果物ナイフ」）と犯罪事実ではないが裁決質問と同じカテゴリである複数の非裁決質問（たとえば，「包丁」や「カッターナイフ」など）に対する生理反応を比較して，その犯罪事実を認識しているか否かを判定する鑑定法である。検査では，裁決質問と複数の非裁決質問を 1 セットとして被検査者に提示

し，これを複数セット繰り返す．リッケンスコアは，1セット内において，裁決質問に対する反応が最大であった場合に +2 点，2 番目に大きな生理反応を示した場合に +1 点，その他は 0 点と得点を付与し，複数セットにわたる合算値を基に判定する方法である．このような評価方法は，分析者が容易に評価できることに加えて，分析者以外の者にとっても理解しやすいといった利点がある．

(2) デンドログラムのテキスト位置関係を基にしたスコアリングルール

　階層的クラスター分析の結果に対するスコアリングルールの基本的な考え方も同様である．図 5.9 に，イメージ図を示す．

　たとえば，疑問文章（1 テキスト）と対照文章（1 名，3 テキスト），無関係文章（1 名×2 テキスト）を分析に用いたとする．階層的クラスター分析によって算出されたデンドログラムを基に，対照文章と無関係文章が混在してクラスターを形成した場合は，その文体的特徴において個人差がみられなかったということで 0 点と設定した（図 5.9 の混在）．他方，対照・無関係文章が混在しなかった場合に，次の 3 パターンで得点を付与した．疑問文章が，対照文章のクラスターに包含された場合に +2 点（図 5.9 の包含），無関係文章のクラスターと比べて，対照文章のクラスターに最も近接した場合に +1 点を付与した（図 5.9 の近接）．また，疑問文章が，対照文章のクラスターから離れた場合は −1 点とした（図 5.9 の分離）．

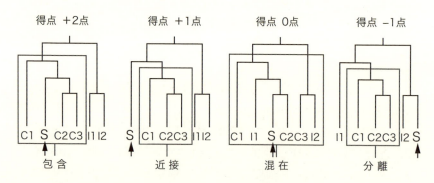

図 5.9　スコアリングルールのイメージ図（財津・金 (2018a) より引用）
　　　　疑問文章：S，対照文章：C1～C3，無関係文章：I1, I2

5.3.6 スコアリングルールの検証（その1）およびテキスト数や文字数の影響（調査研究3）

目的

2次元上のテキスト布置関係を基にしたスコアリングルールの妥当性について検証することを目的とした。それと同時に、文字数、テキスト数、文体的特徴による得点分布への影響、さらには複数の多変量データ解析を実施することの増分妥当性についても検討する（増分妥当性とは、分析手法を増やして組み合わせることでどの程度識別力が上がるかを示す指標）。

方法

(1) スコアリングルール

スコアリングルールは、図5.8で説明したとおりである。

(2) 分析デザイン

本調査研究3の実験計画は非常に複雑であることに加えて、以降の調査研究も類似の実験計画で進めている。そこで、まず本調査研究における分析デザインを説明する。

分析デザイン

- 著者組合せ
  (between要因2水準：疑問文章と対照文章が同一人、別人)
        ×
- 文字数
  (within要因4水準：1テキストにつき250, 500, 1,000, 1,500文字)
        ×
- テキスト数
  (within要因3水準：3テキスト, 6テキスト, 9テキスト)

上記の分析デザインから、$2 \times 4 \times 3 (= 24)$ の混合要因計画となっている。図5.10に分析デザインに関するイメージ図を示したが、この24条件のうちの1条

126　第5章　著者識別（著者照合，著者同定）

テキスト種別			著者組合せ条件「同一人」										著者組合せ条件「別人」									
	疑問文章		A	B	C	D	E	F	G	H	I	J	I	G	J	H	F	C	A	E	D	B
	対照文章		A	B	C	D	E	F	G	H	I	J	A	B	C	D	E	F	G	H	I	J
	無関係文章		B,C,D,E	A,C,D,E	A,B,D,E	A,B,C,E	A,B,C,D	G,H,I,J	F,H,I,J	F,G,I,J	F,G,H,J	F,G,H,I	B,C,D,E	A,C,D,E	A,B,D,E	A,B,C,E	A,B,C,D	G,H,I,J	F,H,I,J	F,G,I,J	F,G,H,J	F,G,H,I
文字数	テキスト数																					
250	3		1	3	1	3	1	4	-5	2	7	3	1	0	0	3	-6	-4	-10	-1	-2	-5
250	6		0	4	0	1	-1	0	2	4	3	1	-1	-6	0	-3	-3	3	-6	-4	-10	-3
250	9		0	3	0	3	5	1	5	2	3	2	-1	-3	0	-3	-3	-3	0	-6	-4
500	3		11	0	5	4	2	2	4	8	0		-4	-7	-8	-5	0	-2	-11	-7	-5	-7
500	6		3	3	0	8	-4	3	0	2	4		-3	-6	-3	-4	-6	-3	-4	-7	-10	-5
500	9		5	11	0	4	-2	4	3	3	0		-4	-6	-4	-6	-3	-3	-3	-3	-6	0
1,000	3		9	5	5	7	13	1	9	5	13	9	-8	-6	-6	-9	-4	-7	-7	-9	-7	-12
1,000	6		5	6	1	5	12	0	8	7	7	5	-1	-5	-3	-6	-12	-6	-14	-8	-9	-7
1,000	9		1	5	4	6	13	7	6	0	15	5	-4	-5	0	-1	-4	0	-9	-8	-4	-9
1,500	3		14	14	10	1	6	8	7	10	11	6	-1	-11	-8	-6	-9	-10	-11	-6	-10
1,500	6		10	9	8	12	3	12	9	7	11	15	-4	-10	-6	-2	-3	-4	-11	-8	-6
1,500	9		9	11	9	9	12	10	14	2	11		-1	-6	1	-4	-5	-6	-6	-12	-9

1分析ユニット	PCA	MDS	CA
非内容語の使用率	1	2	1
品詞のbigram	2	1	0
助詞のbigram	1	-1	0
読点前の語	-1	0	2
漢字などの使用率	-1	1	1
文の長さ	1	0	1
		合計	11

1つの条件（「同一人」,1,500文字,9テキスト）

図 5.10　分析デザインのイメージ図（財津・金 (2017a) より引用）
　　　　PCA：主成分分析，MDS：多次元尺度法，CA：対応分析

件が，破線の楕円で記している10セルのまとまりに該当する．そして，1セルが次に説明する1分析ユニットと定義するものである．

　1分析ユニットとは，一例をあげると，ある1名(A)が記載した文章を疑問文章と想定して，著者組合せ条件「同一人」の場合は，疑問文章および疑問文章の著者と同一の著者が記載した対照文章(A)，ならびに4名の無関係文章（B，C，D，E）を用いて，18分析（6文体的特徴×3つの多変量データ解析）を行う．他方，著者組合せ条件「別人」の場合は，疑問文章と対照文章の著者組合せがそれぞれ異なるように設定した．この18分析のまとまりは，通常実務において1回の文章鑑定を行うことを想定したもので，本調査研究では1分析ユニットと呼称する．

　ア）1分析ユニット
　　　前述のとおり，6文体的特徴×3つの多変量データ解析を1分析ユニッ

トと設定し，分析に用いた文体的特徴および多変量データ解析は次のとおりである．この1分析ユニットにおいて付与される得点範囲は –18 から +36 点となる．

（文体的特徴）

本調査研究3では，次の文体的特徴に着目して度数を算出し，度数から相対度数を算出した．品詞情報については，第3階層までを使用した．
- 非内容語の使用率（カットオフ無し）
- 品詞の bigram（カットオフ無し）
- 助詞の bigram（カットオフ値5）
- 読点前の単語（カットオフ値5）
- 漢字・ひらがな・カタカナ・数字・ローマ字の使用率
- 文の長さ（6文字単位を変数に設定，カットオフ値100）

（分析手法）

以下の多変量データ解析法を用いた．
- 主成分分析：相関係数行列を基に分析を実施し，2次元解に沿って付与される各テキストの主成分得点を基に，各テキストを布置した．
- 対応分析：2次元解に沿って各テキストの得点を算出し，それぞれのテキストを2次元平面上に布置した．
- 多次元尺度法：SKLD距離を用いた古典的多次元尺度法により，テキストを布置した．

イ）文字数

文字数の多寡は，情報量の多寡そのものであることから，著者識別に影響することが容易に予想できる．このことから，本調査研究では，文字数を4水準（250文字・500文字・1,000文字・1,500文字）に設定し，文字数の影響について比較検討した．

ウ）テキスト数

対照・無関係文章におけるテキスト数の影響を検討することは，実務上非常に重要となる．なぜならば，疑問文章が500文字の場合，対照文章で10テキスト必要であれば，5,000文字が必要となる．一方，テキスト数が著者識別の判定に影響を及ぼさないのであれば，対照文章が，3テキスト

(1,500文字)であっても分析は可能となる。この場合，比較対照するための文書などを探す捜査員にとっては，労力がより少なくて済むため，実務上有益となる。そこで，本研究では，対照文章と無関係文章の数を3水準（3テキスト・6テキスト・9テキスト）設け，著者の識別力に関して比較検討を行った。

(3) サンプルとテキスト作成

性別と年齢層の影響を考慮し，30代男性に限定して分析することとした。インターネットのサイト「にほんブログ村 (http://diary.blogmura.com/)」内の「その他30代男性日記」から，自称30代の男性10名（AからJ）が記載した10のブログから，文章を抽出した。続いて，疑問・対照・無関係文章のテキストを分析デザインの文字数やテキスト数に沿って作成した。対照文章と無関係文章については，著者ごとに文単位で繰り返しのないようランダムサンプリングを実施した。

(4) 分析手続き

1分析ユニット（6文体的特徴×3つの多変量解析）× 分析デザイン（2著者組合せ条件×4文字数×3テキスト数）× 著者10名の総分析数4,320の多変量データ解析を実施し，算出されたすべての分析結果に対して，前述したスコアリングルールに従い得点を付与した。

次に，分析ユニット単位で合計点を算出し，全240分析ユニットの得点を用いて，2（著者組合せ条件，between要因）×4（文字数，within要因）×3（テキスト数，within要因）の3要因混合分散分析を実施した。併せて，文字数やテキスト数ごとの，著者の識別力や効果の大きさを評価するために，ROC曲線に基づいたAUCと効果量を算出し，それらの95%信頼区間を求めた。効果量は，Cohenのdを算出した。

上記分析ユニット単位に関する要因に加えて，各分析ユニット内の得点を単位として，①文体的特徴ごとの識別力と②多変量データ解析間の相関や増分妥当性について検討した。①の検討は，各分析ユニット内の文体的特徴ごとに，3つの多変量データ解析の得点を合算し，著者組合せ条件別（同一人・別人）のAUCと効果量dを算出することで行った。②については，各分析ユニット内のそれぞれの多変量データ解析ごとに，6つの文体的特徴の得点を合算した後に，

文字数別で各多変量データ解析における得点から Pearson の積率相関係数（2つの変数間の関係性の強さを，-1から1で表す指標）を算出した。また，多変量データ解析をどれか1つ実施した場合，どれか2つを実施した場合，すべて実施した場合の AUC をそれぞれ算出し，すべて実施した場合とそれ以外の場合について，AUC に関する z 検定を実施した。

結果

(1) 著者組合せ条件，文字数，およびテキスト数の影響

著者組合せ条件別に，240分析ユニットにかかる得点の平均値（標準偏差），AUC（95%信頼区間），効果量 d（95%信頼区間）を表5.3に示した。著者組合せ条件「同一人」では，すべての条件で得点が正値となり，著者組合せ条件「別人」の場合で，得点がすべて負値であった。文字数に関しては，少なくなるにつれて，両著者組合せ条件ともに得点が0に近づいている。テキスト数については，著者組合せ条件「別人」のテキスト数「3」において，得点が相対的に低い値を示しているものの，水準間で AUC に大きな差がないようにみえる。多くの AUC は，0.90以上の評価基準「高」を示すとともに，効果量も，効果が「大」とされる0.8を大幅に上回る結果を得た。

表 5.3 著者組合せ条件，文字数，テキスト数別にみた得点の平均と AUC, 効果量 d （財津・金 (2017a) より引用）

文字数	テキスト数	同一人			別人			AUC (95%CI)	d (95%CI)
		n	平均	(SD)	n	平均	(SD)		
250	3	10	1.50	(2.37)	10	-3.30	(3.27)	0.91 (0.77, 1.00)	1.68 (0.63, 2.70)
	6	10	1.00	(2.31)	10	-1.60	(3.31)	0.75 (0.52, 0.98)	0.91 (-0.02, 1.83)
	9	10	1.30	(1.95)	10	-1.40	(1.26)	0.93 (0.84, 1.00)	1.64 (0.60, 2.65)
500	3	10	2.40	(4.53)	10	-6.50	(2.68)	0.94 (0.84, 1.00)	2.39 (1.20, 3.55)
	6	10	1.80	(3.39)	10	-2.80	(2.94)	0.86 (0.69, 1.00)	1.45 (0.44, 2.43)
	9	10	3.40	(3.20)	10	-2.70	(2.63)	0.96 (0.88, 1.00)	2.08 (0.96, 3.17)
1,000	3	10	5.90	(5.13)	10	-7.80	(3.79)	0.99 (0.95, 1.00)	3.04 (1.70, 4.33)
	6	10	7.00	(4.03)	10	-4.00	(4.19)	0.99 (0.95, 1.00)	2.68 (1.42, 3.89)
	9	10	6.50	(4.48)	10	-4.60	(4.12)	0.97 (0.91, 1.00)	2.58 (1.35, 3.77)
1,500	3	10	9.00	(3.99)	10	-8.20	(3.33)	1.00 (1.00, 1.00)	4.73 (2.95, 6.48)
	6	10	9.00	(2.94)	10	-6.40	(2.76)	1.00 (1.00, 1.00)	5.40 (3.43, 7.34)
	9	10	9.90	(3.03)	10	-5.20	(4.26)	1.00 (1.00, 1.00)	4.08 (2.48, 5.65)

そこで，2（著者組合せ条件，between 要因）× 4（文字数，within 要因）× 3（テキスト数，within 要因）の 3 要因混合分散分析を実施した結果によると，著者組合せ条件 × 文字数ならびに著者組合せ条件 × テキスト数に 1 次の交互作用がみられた。また，著者組合せ条件，文字数，テキスト数のそれぞれに関する主効果が有意であった。3 つのテキスト数条件の AUC を算出し，z 検定を行ったものの，すべての条件間で有意差はみられなかった。さらなる詳細な分析結果については，財津・金 (2017a) を参照してほしい。

次に，文字数別の得点分布を図 5.11 に示した。文字数が少ないほど，著者組合せ条件「同一人」の得点分布と著者組合せ条件「別人」の得点分布が重なることがわかる。この得点分布の重複は，250 文字で −4 点から +4 点，500 文字で −5 点から 2 点，1,000 文字で −1 点から +3 点の範囲であった。1,500 文字では両得点分布の重複はみられなかった。

(2) 文体的特徴の識別力比較

表 5.4 に，分析ユニット内の文体的特徴ごとにおける平均値（標準偏差），AUC（95%信頼区間），効果量 d（95%信頼区間）を示した。平均値のすべてが正値であった著者組合せ条件「同一人」に比べて，著者組合せ条件「別人」では，文の長さを除き，すべての平均値が負値となった。AUC と効果量は，非内容語の使用率，品詞の bigram，読点前の単語，助詞の bigram，漢字などの使用率，文の長さの順で高い値を得た。識別力が高かった非内容語の使用率と品詞の bigram では，AUC が 0.8 を大幅に上回っており，効果量も 1.60 以上とかなり高い値が得られている。読点前の単語も，AUC で 0.72 と比較的高いのに加えて，効果量で「大」と評価される 0.80 を上回った。このことから，これらの文体的特徴は，識別力が非常に高く，著者識別に有効な指標であることがわかった。他方，文の長さは，AUC の 95%信頼区間が 0.5 を含んだことに加えて，効果量の 95%信頼区間においても 0 を含んでいることから，有効な特徴とはいえなかった。

(3) 分析手法間の相関ならびに増分妥当性

文字数別にみた多変量データ解析間の相関係数を表 5.5 に示した。相関係数は，最小で 0.43，最大で 0.91 となっており，すべての組合せにおいて相関係数が有意であった。また，文字数が少ないほど，相関係数が低くなる傾向がみら

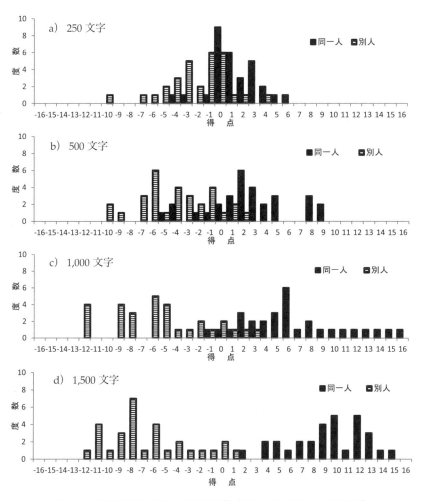

図 **5.11** 文字数別に分類した得点分布（財津・金 (2017a) より引用）

れた。

図 5.12 に，3 つの多変量データ解析の組合せごとに算出した AUC を示した。3 つすべての多変量データ解析を行う場合とその他の場合（いずれか 2 つの多変量データ解析を組み合わせる，あるいはいずれか単一の多変量データ解析を実施する）の 6 通りの AUC の比較を z 検定を用いて実施した。その結果によ

表 5.4 文体的特徴別にみた得点の平均と AUC，効果量 d
（財津・金 (2017a) より引用）

文体的特徴	同一人			別人			AUC(95%CI)	d(95%CI)
	n	平均	(SD)	n	平均	(SD)		
非内容語の使用率	120	1.83	(1.87)	120	−1.48	(1.79)	0.88 (0.84, 0.93)	1.81 (1.52, 2.13)
品詞の bigram	120	1.58	(1.87)	120	−1.23	(1.64)	0.87 (0.82, 0.91)	1.60 (1.31, 1.89)
助詞の bigram	120	0.55	(1.61)	120	−0.44	(0.92)	0.66 (0.61, 0.71)	0.75 (0.49, 1.02)
読点前の語	120	0.74	(1.73)	120	−0.69	(1.31)	0.72 (0.66, 0.77)	0.94 (0.67, 1.20)
漢字などの使用率	120	0.10	(1.69)	120	−0.69	(1.29)	0.61 (0.55, 0.67)	0.53 (0.27, 0.79)
文の長さ	120	0.10	(0.65)	120	0.00	(0.37)	0.51 (0.48, 0.54)	0.19 (-0.07, 0.44)

表 5.5 文字数別で分類した多変量データ解析間の相関
（財津・金 (2017a) より引用）

文字数		PCA	MDS	CA
250	PCA		0.43**	0.62**
	MDS			0.56**
	CA			
500	PCA		0.64**	0.76**
	MDS			0.74**
	CA			
1,000	PCA		0.78**	0.84**
	MDS			0.89**
	CA			
1,500	PCA		0.80**	0.84**
	MDS			0.91**
	CA			

**p < .01
PCA：主成分分析，MDS：多次元尺度法，CA：対応分析

ると，主成分分析と多次元尺度法の組合せを除き，3 つすべての多変量データ解析を実施する場合で，AUC が有意に最も高いという結果が得られ，分析手法の増分妥当性を確認することができた．

考察

調査研究 3 の結果によると，本スコアリングルールによって，著者組合せ条件「同一人」と「別人」で得点分布が分離したことから，まずこのスコアリン

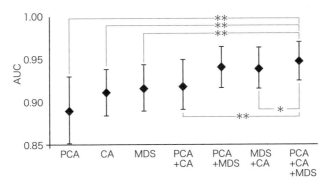

図 5.12 多変量データ解析の組合せ別で分類した AUC（財津・金 (2017a) より引用）
$*p < .05, **p < .01$　PCA：主成分分析，MDS：多次元尺度法，CA：対応分析

グルールを用いることで著者識別が可能であることを示唆した．多変量データ解析による著者識別の問題点として，分析結果を得るまでの過程で再現性を有しているものの，複数の分析結果から著者に関する最終結論を導き出すまでの過程に標準手法がないため，分析者によって判定の結論が異なる可能性があることは前述したとおりである．しかし，本ルールの下で分析結果に対して得点を付与し，たとえば，1分析ユニットの得点が +5 点以上であれば「同一人」，−5 点以下であれば「別人」，+4 点から −4 点であれば「判定不能」と判定できうることから，異なる分析者間においても共通の判定を下し，より再現性のある科学的な鑑定が可能になるといえよう．

さらに，調査研究 3 では，①文字数が増えるほど著者の識別力が上がること，②テキスト数はあまり識別力に影響がないこと，③文体的特徴によって識別力が異なり，文の長さはあまり著者識別に有効ではないこと，④多変量データ解析を複数実施することで著者の識別力が増加することが示された．以降は，この知見を踏まえて，さらに検証を進める．

5.3.7 スコアリングルールの検証（その 2）（調査研究 4）

目的
階層的クラスター分析で算出されるデンドログラムに対するスコアリングルールの妥当性について検証することを目的とした．

なお，本調査研究は，調査研究3のサンプルは同じである。異なる点として，テキスト数は3のみを分析し，文体的特徴については，著者の識別に有効ではないとされた文の長さではなく，動詞の長さに着目した。

(1) スコアリングルール

スコアリングルールは，図5.9で説明したとおりである。

(2) 分析デザイン

$2 \times 4 (= 8)$ の混合要因計画である。

分析デザイン

- 著者組合せ
  （between 要因 2 水準：疑問文章と対照文章が同一人，別人）
  　　×
- 文字数
  （within 要因 4 水準：1 テキストにつき 250, 500, 1,000, 1,500 文字）

ア）1分析ユニット

6文体的特徴×階層的クラスター分析を1分析ユニットと設定した。この1分析ユニットにおいて付与される得点範囲は -6 から $+12$ 点となる。

（文体的特徴）

本調査研究4では，次の文体的特徴に着目して度数を算出し，度数から相対度数を算出した。品詞情報については，第3階層までを使用した。

- 非内容語の使用率（カットオフ無し）
- 品詞の bigram（カットオフ無し）
- 助詞の bigram（カットオフ値 5）
- 読点前の単語（カットオフ値 5）
- 漢字・ひらがな・カタカナ・数字・ローマ字の使用率
- 動詞の長さ（カットオフ値 10）

（分析手法）

- 階層的クラスター分析
  調査研究2と同じく，SKLD距離を分析に用いるとともに，Ward法を用いた。

イ）文字数

調査研究3と同じ文字数設定の，4水準（250文字・500文字・1,000文字・1,500文字）で比較検討した。

(3) サンプルとテキスト作成

サンプルは，調査研究3と同じく，インターネットのサイト「にほんブログ村 (http://diary.blogmura.com/)」内の「その他30代男性日記」から抽出した10のブログで，ある。疑問・対照・無関係文章のテキストは，分析デザインの文字数（250文字・500文字・1,000文字・1,500文字）に沿って作成した。

(4) 分析手続き

1分析ユニット（6文体的特徴×階層的クラスター分析）×分析デザイン（2著者組合せ条件×4文字数）×著者10名の総分析数480の階層的クラスター分析を実施し，すべての分析結果に関して，スコアリングルールに従い得点を付与した。

続いて，分析ユニット単位で合計点を算出し，全80分析ユニットの得点を基に，2（著者組合せ条件，between要因）×4（文字数，within要因）の2要因混合分散分析を実施した。次に，文字数別で，著者の識別力や効果の大きさを評価すべく，ROC曲線に基づいたAUCと効果量（Cohenのd）を算出し，それらの95%信頼区間を求めた。

加えて，文体的特徴の識別力を検討するために，著者組合せ条件別（同一人・別人）のAUCおよび効果量（Cohenのd）を算出した。

結果

(1) 著者組合せ条件と文字数の影響

著者組合せ条件ならびに文字数別にみた，80分析ユニット得点の平均値（標準偏差）とAUC（95%信頼区間），効果量d（95%信頼区間）を表5.6に示した。表5.6を概観すると，著者組合せ条件「同一人」では，すべての条件で得点が正値である。他方，著者組合せ条件「別人」では，すべての文字数において，負値

表 5.6 著者組合せ条件と文字数別にみた得点の平均と AUC, 効果量 d
(財津・金 (2017b) より引用)

文字数	同一人			別人			AUC(95%CI)	d(95%CI)
	n	平均	(SD)	n	平均	(SD)		
250	10	0.10	(1.20)	10	−0.60	(1.07)	0.63 (0.42, 0.84)	0.62 (−0.29, 1.51)
500	10	0.20	(0.92)	10	−1.10	(0.74)	0.85 (0.69, 1.00)	1.56 (0.53, 2.56)
1,000	10	2.50	(1.78)	10	−1.90	(1.66)	0.95 (0.86, 1.00)	2.55 (1.33, 3.74)
1,500	10	3.30	(1.42)	10	−1.40	(1.78)	0.99 (0.98, 1.00)	2.92 (1.61, 4.20)

を示した。AUC は, 250 文字を除き, 0.85 から 0.99 と比較的高い値を示し, 効果量 d は, 効果「大 (0.80)」を大幅に上回っている。ただし, 250 文字は, AUC の 95%信頼区間が 0.5 を含むとともに, 効果量 d の 95%信頼区間も 0 を含んだ。

そこで, 2 (著者組合せ条件, between 要因) × 4 (文字数, within 要因) の 2 要因混合分散分析を実施したところ, 著者組合せ条件×文字数に交互作用がみられ, 著者組合せ条件, 文字数に関する主効果が有意であった (さらなる詳細は, 財津・金 (2017b) を参照)。

(2) 文体的特徴の識別力比較

表 5.7 に, 各文体的特徴における得点の平均値 (標準偏差) と AUC (95%信頼区間), 効果量 d (95%信頼区間) を示した。表 5.7 をみるとわかるとおり, 本調査研究では,「文の長さ」に替えて,「動詞の長さ」に着目したものの, AUC で 0.50 を含み, 効果量で負値を示したことから, 著者の識別力が低いことがうかがえた。同様に, 漢字などの使用率も識別力があまり高くなかった。

表 5.7 文体的特徴別にみた得点の平均と AUC, 効果量 d
(財津・金 (2017b) より引用)

文体的特徴	同一人			別人			AUC(95%CI)	d(95%CI)
	n	平均	(SD)	n	平均	(SD)		
非内容語の使用率	40	0.70	(0.76)	40	−0.48	(0.68)	0.86 (0.78, 0.93)	1.63 (1.12, 2.14)
品詞の bigram	40	0.45	(0.78)	40	−0.40	(0.74)	0.77 (0.67, 0.87)	1.11 (0.64, 1.59)
助詞の bigram	40	0.18	(0.50)	40	0.00	(0.39)	0.57 (0.51, 0.63)	0.39 (−0.05, 0.83)
読点前の語	40	0.30	(0.69)	40	−0.20	(0.46)	0.68 (0.59, 0.76)	0.85 (0.39, 1.31)
漢字などの使用率	40	-0.05	(0.50)	40	−0.10	(0.50)	0.52 (0.44, 0.61)	0.10 (−0.34, 0.54)
動詞の長さ	40	-0.05	(0.22)	40	−0.08	(0.27)	0.51 (0.46, 0.57)	0.10 (−0.34, 0.54)

考察

　以上の結果から，階層的クラスター分析に関するスコアリングルールの有効性は検証できたものといえよう。文字数の増減と識別力への影響は，調査研究3と同様であった。また，漢字などの使用率や動詞の長さが，あまり識別力を有していないことが確認された。

　本調査研究から，階層的クラスター分析単独では，著者の識別力に限界が見受けられた。また，出村・西嶋・長澤・佐藤 (2004) は，階層的クラスター分析について，その他の多変量データ解析も用いて総合的な判断を下すことの重要性を指摘している。調査研究3においても，複数の多変量データ解析を組合せることの増分妥当性が確認されていることから，他の多変量データ解析を組合せて分析を実施することで，著者の識別力は一層高まるものと考えられた。

5.3.8　著者識別手法の標準化と正確性の検証（調査研究5）

目的

　現在までに，計量的文体分析を用いた著者識別に関する正確性を検証した研究は，多くが分類器によるものであった（金，2014；三品・松田，2013）。また，調査研究3では，主成分分析や対応分析，多次元尺度法を扱い，調査研究4では，階層的クラスター分析を実施したものであるが，両研究ともに著者10名とサンプル数が少なかった。そこで，本調査研究ではサンプル数を増やし，100名が記載したブログの文章を対象に，まず本手法の著者識別の正確性を検証した。加えて，調査研究3や調査研究4では，30代男性のテキストに限定していたことから，本調査研究においては，5つの年齢層（20代から60代）の男女それぞれ10名の全100名の著者を対象として，年齢や性別の正確性への影響も合わせて検討した。

　また，科学的鑑定手法は，高い正確性を有するとともに，再現性などの科学原則に則っていることが求められる。着目する文体的特徴や用いる多変量データ解析を定め，かつ調査研究3や調査研究4のように，複数の多変量データ解析の分析結果に対して得点を付与し，その合算値を基に著者を判定することが可能となれば，分析者が異なっても，同一手順を踏むことで同一の判定結果が得られる。これは，科学的鑑定の要諦である再現性を有し，判定手続きの標準

化も可能になることを意味する．このことから，本調査研究では，この点についても，正確性の検証を踏まえた上で考察したい．

方法

(1) スコアリングルール

スコアリングルールは，図 5.8 と図 5.9 で説明したとおりである．

(2) 分析デザイン

$2 \times 2 \times 5 (= 20)$ の被験者間要因計画である．

分析デザイン

- 著者組合せ
 （between 要因 2 水準：疑問文章と対照文章が同一人，別人）
 ×
- 性別
 （between 要因 2 水準：男性，女性）
 ×
- 年齢層
 （between 要因 5 水準：20 代，30 代，40 代，50 代，60 代）

ア）1 分析ユニット

　4 文体的特徴 × 4 つの多変量データ解析の 16 分析を 1 分析ユニットと設定した．この 1 分析ユニットにおいて付与される得点範囲は -16 から $+32$ 点となる．

　（文体的特徴）

　本調査研究では，調査研究 3 と調査研究 4 の検証結果を踏まえ，次の文体的特徴に着目した．また，度数から相対度数を算出した．品詞情報については，第 3 階層までを使用した．

- 非内容語の使用率（カットオフ無し）
- 品詞の bigram（カットオフ無し）

- 助詞の bigram（カットオフ値 5）
- 読点前の単語（カットオフ値 5）

（分析手法）
- 主成分分析：相関係数行列に基づき，2 次元解を扱った。
- 対応分析：2 次元解を扱った。
- 多次元尺度法：SKLD 距離を用いた古典的多次元尺度法を実施した。
- 階層的クラスター分析：SKLD 距離を分析に用いるとともに，Ward 法を用いた。

イ）性別

50 名の男性，50 名の女性における各得点分布について検討した。

ウ）年齢層

5 つの年齢層（20 代，30 代，40 代，50 代，60 代）における各得点分布についても合わせて検討した。

(3) サンプルとテキストの作成

インターネットサイト「にほんブログ村 (http://diary.blogmura.com/)」内の，自称 20 代から 60 代の男女 50 名ずつ計 100 名が記載した 100 のブログから，文章を抽出した。抽出方法としては，5 つの年齢層×2 つの性別の 10 グループそれぞれで 10 名ずつを抽出した。ブログの選定は，内容に依存せず，無作為に行い，20 代男性であれば，「その他 20 代男性日記」を対象に，文章を抽出した時点のランキング 1 位から順に選定した。

上記サンプルおよび分析デザインを基に，疑問文章で 100 のテキスト（各著者 1 テキスト，各およそ 1,000 文字），対照・無関係文章で 300 のテキスト（著者ごとに文単位で繰り返しのないようランダムサンプリングを実施した，各著者 3 テキスト，各およそ 1,000 文字のもの）を作成した。

(4) 分析手続き

本調査研究では，1 つの疑問文章，3 つの対照文章，12 の無関係文章の全 16 テキストについて，4 文体的特徴×4 多変量データ解析の 16 分析を実施し，それを 1 分析ユニットとした。また，著者組合せ条件「同一人」において 100 分析ユニットを，著者組合せ条件「別人」において別の 100 分析ユニットを扱った。したがって，4 文体的特徴×4 多変量データ解析×100 分析ユニット×2 著

者組合せ条件の 3,200 に及ぶ多変量データ解析を実施した。

　上記分析後，3,200 すべての分析結果に得点を付与し，まず 16 分析における得点を合算した 1 分析ユニットを単位とした得点を算出した。次に，判定にかかる閾値を設定し，全 200 分析ユニットの得点と閾値を基に，判定不能率を算出した。続いて，「判定不能」を除外した上で，感度と特異度，判定不能率を算出した。加えて，AUC と効果量を算出し，これらの 95%信頼区間を求めた。

　本調査研究では，年齢層や性別の違いによる正確性の違いを検討すべく，全 200 分析ユニットの得点を基に，2（著者組合せ，between 要因）×5（年齢層，between 要因）×2（性別，between 要因）の 3 要因分散分析を実施した。

結果

(1)　著者組合せ条件と性別や年齢層の影響

　著者組合せ条件別の得点については，著者組合せ条件「同一人」の平均得点が 9.49 点 (SD 0.96)，中央値が 9.50 点であった。他方，著者組合せ条件「別人」の平均得点は −7.44 点 (SD 1.58)，中央値は −9.0 点であった。

　そこで，2（著者組合せ）×2（性別）×5（年齢層）の 3 要因 (between) 分散分析を実施したところ，著者組合せの主効果のみに有意差がみられ，年齢や性別による得点分布への影響はみられなかったといえる。

(2)　著者識別に関する正確性

　図 5.13 に，著者組合せ条件別の得点（全 200 分析ユニット）分布を示した。

　本調査研究では，閾値を絶対値 4 と設定し，得点の合算値（分析ユニットの得点）が −4 点から +4 点の範囲を「判定不能」とした（図 5.13 の灰色の範

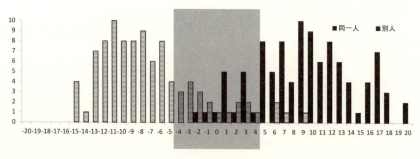

図 **5.13**　著者組合せ別（同一人・別人）の得点分布（財津・金 (2018a) より引用）

囲)．この場合に，明確に結論を出すことができた事例は，200分析中167分析(83%)，判定不能率は「同一人」群で14%，「別人」群で19%であった．また，「判定不能」を除いた上での，感度は100%（「同一人」群86名中86名），特異度95.1%（「別人」群81名中77名）であった．

AUC（95%信頼区間）は，0.98[0.97, 1.00]と算出されており，Swets (1988) の評価基準「高（0.9〜1.0）」に相当する値であった．他方，効果量 d（95%信頼区間）も，3.27 [2.85, 3.70] と，Cohen (1988) の評価基準「大 (0.8)」を大幅に超える結果が得られている．

考察

(1) 著者識別の正確性

100名のブログ著者を基に著者識別の正確性を検証したところ，感度で100%，特異度で95.1%が得られた．加えて，AUCならびに効果量 d も，非常に高い数値を示したといえよう．一概に比較はできないものの，ポリグラフ検査の正確性研究（小川・松田・常岡，2013）の，1質問表の感度 (86%) と特異度 (95%) に比べても，本手法の正確性の高さがうかがえる．

なお，本調査研究のテキストはすべて1,000文字程度の文字数を扱ったものであるが，前述のとおり，文字数は著者の識別力に多大な影響を及ぼす．したがって，1,000文字未満であれば，感度・特異度はより低下もしくは判定不能率が増加する可能性がある．逆に，文字数が多いほど，正確性が増すともいえる．

また，年齢と性別の得点分布への影響は見受けられなかった．犯罪捜査場面では，あらゆる年齢や性別の被疑者を捜査対象とするが，これらの要因に影響されないということは，分析対象者を限定する必要がないことを意味する．

(2) 著者識別における判定手続きの標準化

判定手続きの標準化とは，分析の際に常に同じ文体的特徴に着目し，また特定の多変量データ解析を実施することで，異なる分析者もしくは異なる分析時期であっても，同一の分析結果が得られ，かつそれらの分析結果を総合することで同じ判定結果（「同一人」「別人」など）を導き出すことができることを意味する．従来は，同一の分析結果が算出できたとしても，複数の分析結果を見た目で著者の判定をしていたことから，分析者もしくは分析時期が異なることで，著者に関する判定結果が異なる可能性もありえた．本研究は，100名とい

うサンプル数を扱うことで，このような高い正確性を得ることができたことから，調査研究3や調査研究4に比べると，より一段と判定手続きの標準化が可能であることを示したといえよう．特に，この判定の標準化において重要となるのが得点の閾値である．本調査研究では，絶対値4以内の場合は「判定不能」と設定した．閾値が明確であれば，新たに著者識別を実施する場合に，合算値が9点であったことから「同一人」と判定する，もしくは−8点であったから「別人」と判定するといったことが可能となる．ただし，留意すべき点としては，本研究で示した閾値は，ブログ上の文章であり，他の媒体（例，電子メールや手書きの文書など）における文章の場合は，閾値が異なることもありえることから，異なる媒体の文章についても，本調査研究と同様の手続きを採用することで，得点分布を比較検討する必要があろう．

5.4　尤度比による著者識別

　これまでに機械学習や多変量データ解析を用いた著者識別についてみてきた．これに対し，「尤度比」という確率的な視点による方法も存在する．尤度 $p(B|A)$ とは，事象 A が発生した場合に，データ B が得られる確率のことで，尤もらしさを意味することは，ナイーブベイズの節で述べたとおりである．この事象 A をある仮説を意味する H とし，たとえば疑問文章と対照文章が「同一人 (same)」であるという仮説 (H_s) や「別人 (different)」であるという仮説 (H_d) を想定する．一方，データ B を計量的文体分析によって算出された結果として E（証拠の意味のエビデンス）とする．この場合，「尤度比」とは，2つの相反する仮説に関して，それぞれの仮説の尤もらしさの比を表したもので，次式に示される．両仮説に関する尤度が等しければ1となる．また，「同一人」仮説に関する尤度の確率が高いほど，尤度比は1より大きくなるのに対して，「別人」仮説に関する尤度の確率の方が高いほど，尤度比は1より小さくなる．

$$\text{尤度比 }(likelihood ratio) = \frac{p(E|H_s)}{p(E|H_d)}$$
$$= \frac{\text{「同一人」仮説が正しい場合に証拠が得られる確率}}{\text{「別人」仮説が正しい場合に証拠が得られる確率}}$$

ただし，警察や検察，裁判官は，事件の真相を知りたいのであるが，この真相というのは，この尤度に関するものではなく，本来は「ある分析結果が得られた場合に，「同一人」仮説 (H_d) が正しい確率」といった事後確率に関するものである。話がややこしいが，再度ベイズの定理に登場してもらい，比という形で説明する。なお，ベイズの定理の分母 $p(E)$ の部分は，すでに証拠を得た状態であり，計算過程で用いることはないので省略する。したがって，次の比の式は，両仮説に関するベイズの定理の分子部分の比となっている。

$$\frac{p(H_s|E)}{p(H_d|E)} = \frac{p(H_s)}{p(H_d)} \times \frac{p(E|H_s)}{p(E|H_d)}$$

$$\underset{\text{事後オッズ}}{\uparrow} \quad \underset{\text{事前オッズ}}{\uparrow} \quad \underset{\text{尤度比}}{\uparrow}$$

事後オッズとは，両仮説に関する事後確率の比であり，事前オッズは，両仮説に関する事前確率の比のことである。本来知りたい事件の真相というのは，「ある分析結果が得られた場合に，「同一人」仮説と「別人」仮説ではどちらが正しい確率が高いのか」を知りたいのであり，この事後オッズに相当する。

DNA 型鑑定などを行って得られる結果から算出される確率は，「尤度」に関する確率のみである。事件の真相を意味する「事後確率」を得るには，ベイズの定理からわかるとおり，尤度に「事前確率」をかける必要がある。しかし，この事前確率の設定がまず困難といえる。「同一人」仮説や「別人」仮説の事前確率とはいったい何なのであろうか？ 両仮説がどちらも半々と考えるのであれば，どちらの仮説も事前確率は 1/2 と設定できると考えられる。一方で，容疑者が 10 人しか存在せず，必ずその中に犯人が 1 人いるとするならば，「同一人」仮説が成り立つ確率は 1/10 となり，「別人」仮説が成り立つ確率は 9/10 となるかもしれない。このような事前確率の設定の問題は，およそ 400 年前から指摘されてきたベイズ確率自体の問題でもあった。

極端に言えば，疑問文章と対照文章が「同一人」によるか否かというのは「神様」にしかわからない話で，確率理論上は「ある鑑定を行って算出される結果をもって，鑑定人が，「同一人」もしくは「別人」といった判断をすることは本来できない」。したがって，法科学の分野では，鑑定人は結論（「同一人」か否かなど）を出すのではなく，分析結果から得られる「尤度比」のみを提示

し，裁判官や裁判員などがその「尤度比」を基に結論を下すべきであるという考え方も存在する (Aitken & Stoney, 1991; Aitken & Taroni, 2004; Robertson & Vignaux, 1995)。DNA 型鑑定においては，世界的にみると，この「尤度比」の適用がスタンダードの枠組みとなっているとも述べられている (Evett, Scranage, & Pinchin, 1993)。実際に，わが国においても，DNA 型に関して尤度比を算出して犯人性立証を試みた例もみられる（宮田，2017）。

オーストラリア国立大学の石原俊一氏は，主に英語を対象に，この尤度比を積極的に用いた著者識別を研究している (Ishihara, 2014; Ishihara, 2017a; Ishihara, 2017b)。また，法言語学における尤度については，Koehler (2013) に詳細が述べられており，そちらを参照されたい。

このような尤度比であるが，東京地方検察庁検事であった宮田 (2017) も述べているとおり，わが国の現状ではこの尤度比を積極的に使うにはハードルが高く，客観証拠を補強する程度にしか使われないと考えられる。そもそも，わが国における鑑定とは，「特別な知識・経験を有する者が，その法則を具体的な事実に適用して当該問題について意見判断すること」であることから，現在の日本に限って言えば，尤度比のような分析結果の提示のみでは「鑑定」とはいえないであろう。

5.5 作為的に自己の文章表現を変えた文章の分析

5.5.1 模倣文章：「グリコ・森永事件」を模倣した「黒子のバスケ脅迫事件」の文章の判別（調査研究 6）

世の中には，「劇場型犯罪」と呼ばれる犯罪が存在する。「劇場型犯罪」とは，犯人側にマスメディアを利用して犯行をアピールする意図がある犯罪と定義されている（小城，2004）。小田 (2002) によると，「劇場型犯罪」は，①事件やその予告が，マスメディアに報道されることが不可欠な手段であること，②マスメディアに報道されることで，情緒感情的・思想的な満足感を犯人側が得ること，③マスメディアの報道によって，アピール効果を企図していることで成り立っている。このような「劇場型犯罪」では，マスメディアを通して，大多数の一般人に注目されることから，事件の模倣犯が出現しがちとなる。

「劇場型犯罪」の典型例として，「グリコ・森永事件（1984〜1985 年）」が挙げられる．この事件発生当時には，模倣犯によると考えられる事件が実際に多数発生している．たとえば，事件に便乗した中学 1 年生と小学 4 年生の 2 人が神戸市の総合食品メーカーに脅迫状を送りつけたことがあった．村上 (2004) は，「グリコ・森永事件」の脅迫状と少年らの脅迫状を比較したところ，漢字の使用率 (9.2% vs. 17.9%) と一文の平均文字数（16.9 字 vs. 19.4 字）といった文体的特徴について相違がみられたという．さらには，1999 年 3 月 18 日の朝日新聞夕刊『窓－論説委員室から』というコラムにも，「どくいりきけん」というタイトルで「グリコ・森永事件」を模倣した文章が掲載されており，この文章についても比較してみたところ，漢字の使用率で 13.8%，一文の平均文字数は 17.4 字と漢字の使用率でだいぶ異なる数値が得られている．この例は，真犯人による原文と模倣犯による文には，文体的特徴に相違があることを意味し，文体的特徴から原文と模倣文を判別することが可能なことを示唆している．しかし，このような模倣犯の判別に関して系統的に検討した研究例は見当たらない．そこで，本調査研究では，「グリコ・森永事件」の脅迫状と一連の事件を模倣したとされる「黒子のバスケ脅迫事件」の文章を比較検討し，原文と模倣文との判別を試みた．事件概要は以下のとおりである．

グリコ・森永事件

　1984 年 3 月 18 日，江崎グリコ社長が何者かに誘拐され，身代金を要求された事件を皮切りに発生した一連の企業恐喝事件である．「かいじん 21 面相」を名乗る人物から，江崎グリコをはじめ，丸大食品など数々の食品企業に対して，脅迫状が送られている．また，実際に青酸化合物が混入された菓子を店頭に置くなど，脅迫状のとおり実行されたことから，社会的反響が大きい事件であったが，2000 年に時効を迎え，未解決事件となった．

> 社長 え
>
> わしらの ちから よお わかった やろ
> わしらに さかろおたら 会社 つぶれる
> 社長は 殺されるんや
> 会社 つぶすか わしらに 金だすか
> 11月 5日と 6日の まいにち新聞で
> へんじ するんや たづね人 つかえ
>
> 　　　わしら　　二郎
> 　　　森永　　　母
> 　　　けいさつ　悪友
> 　　　金　　　　食事
>
> この ことば つこおて へんじ せい
> 金は まえ ゆうた とおり 2億や
>
> かい人21面相

森永製菓への脅迫状（朝日新聞大阪社会部(2004) より引用）

黒子のバスケ脅迫事件

　2012年10月12日，「黒子のバスケ」の作者・藤巻忠俊の母校である上智大学の体育館で藤巻氏を中傷する文書とともに，硫化水素を発生させる可能性がある液体の入った容器が置かれる。

　「黒子のバスケ脅迫事件」は，この事件を発端として，藤巻氏やその関係先を狙い，およそ400通の脅迫状を送りつけるといった威力業務妨害事件である。脅迫状の文章は，「わしは黒子のバスケ脅迫事件の犯人一味の怪人801面相や」など「グリコ・森永事件」に似た口調で，「怪人801面相」を名乗るといった特徴がみられた。

　被疑者は，2013年12月15日に逮捕された。

逮捕されたWは，以前から死刑に相当する重大事件をはじめとした重大犯罪マニアで，中でも「グリコ・森永事件」や「赤報隊事件」が未解決事件であることを知っており，そこから「怪人801面相」を名乗ったとされる（渡邊, 2014）。同様に，Wは，「特に深い理由はなかったのですが，似非関西弁を喋るキャラクターにしようと決めていました。そこで関西弁での犯行声明からグリコ・森永事件を連想しました。」とも述べており，「グリコ・森永事件」の文章表現を模倣したことが明かされている。

方法

(1)　サンプル

「グリコ・森永事件」については，40の文書を分析に用いた。この文書は，タイプライターで作成されたもので，文字数が平均値で461字，中央値で410字，レンジで103字から1,694字であった。

「黒子のバスケ脅迫事件」に関しては，4つの印字文書を使用した。それぞれの印字文書の文字数は，平均値で556字，中央値で406字，レンジで296字から1,114字であった。

(2)　着目した文体的特徴

ア）　文字のbigram：カットオフ値3により，データセット（44テキスト×1,679変数）作成

イ）　品詞のbigram：カットオフ値3により，データセット（44テキスト×453変数）作成

ウ）　単語のunigram：カットオフ値3により，データセット（44テキスト×464変数）作成

エ）　漢字・ひらがな・カタカナの使用率：44テキスト×3変数のデータセット作成

(3)　分析手法

ア）　対応分析

　　　2次元解を扱った。

イ）　階層的クラスター分析

　　　SKLD距離ならびにWard法を用いた。

結果

(1) 文字の bigram

図 5.14 に，文字の bigram にかかる対応分析の結果（左）と階層的クラスター分析（右）の結果を示した。GM は，「グリコ・森永事件」に関するテキスト，KB は，「黒子のバスケ脅迫事件」に関するテキストである。

このとおり，GM と KB のテキストは，おおむね分離して布置（図 5.14 の左図）あるいは異なるクラスターとして分類（図 5.14 の右図）されたことがわかる。ただし，一部のテキスト（GM1 と GM18）は，対応分析において，GM 群と離れて布置された。

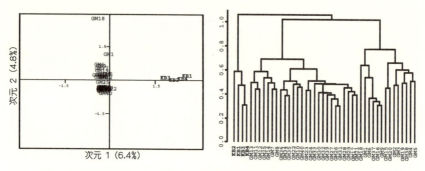

図 **5.14** 文字の bigram に関する分析結果（Zaitsu & Jin (2016) を基に作成）

(2) 品詞の bigram

品詞の bigram については，図 5.15 に示したとおりである。文字の bigram と同様に，KB のテキストが GM のテキストから分離して布置され（左），クラスター（右）は大きく 2 つに分離している。また，GM18 のみ，対応分析で GM の群から離れて布置された。

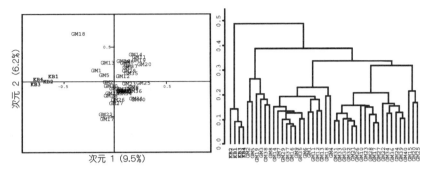

図 5.15　品詞の bigram に関する分析結果（Zaitsu & Jin (2016) を基に作成）

(3) 単語の unigram

単語の unigram の分析結果を図 5.16 に示した。対応分析（左）で，GM と KB テキストがおおむね事件ごとに分類され，かつクラスターも 2 分類された。

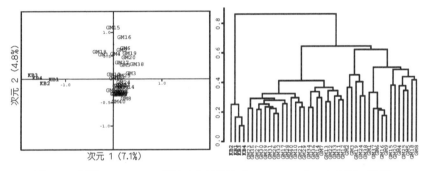

図 5.16　単語の unigram に関する分析結果（Zaitsu & Jin (2016) を基に作成）

(4) 漢字・ひらがな・カタカナの使用率

図 5.17 のとおり，対応分析（左）では，一部の GM テキスト（GM1，5，7，15，38）が GM の群から離れた位置に布置したものの，おおむね GM のテキストは群を形成している。また，KB のテキストが，GM のテキスト群から離れているのもわかる。クラスター分析では，2 分類されている。

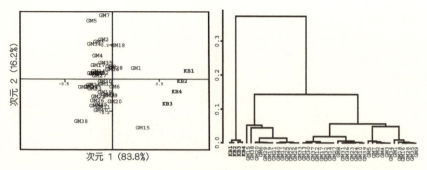

図 5.17 漢字・ひらがな・カタカナの使用率に関する分析結果（Zaitsu & Jin (2016) を基に作成）

考察

　「黒子のバスケ脅迫事件」の被疑者は，「グリコ・森永事件」の文章表現を模倣したとされるが，さまざまな文体的特徴をいくつかの多変量データ解析によって分析してみると，その違いは一目瞭然といえる。ただし，本調査研究のテキストは，すべて事件の出所が明確であったが，現実の事件では，匿名による複数の脅迫状が原文の模倣か否か判別することになるのでより難しいかもしれない。たとえば，品詞の bigram の対応分析では，GM18 が「グリコ・森永事件」や「黒子のバスケ脅迫事件」のテキスト群から離れて布置されていることから，GM18 が匿名のテキストであった場合，この分析結果だけではテキストの判別が難しい。ただし，他の文体的特徴を検討することによってより正確な判別が可能となることは間違いない。本調査研究の結果は，模倣文章の判別においても，類似の分析結果が複数得られるといった分析結果の「頑健性」を検討することの重要性を示している。

　本調査研究は，「黒子のバスケ脅迫事件」の文章が，「グリコ・森永事件」の文章とは異なり，模倣したものか否かをみることが目的であったこともあり，すべての GM テキストを同一事件のものとまとめて扱ったが，「グリコ・森永事件」は未解決事件であり，一連の脅迫状が何人によって作成されたのかはまだ不明である。村上 (2004) は，「グリコ・森永事件」の脅迫状の文体的特徴を検討すると，初期と後期で相違がみられることから，2 名によって書かれた可能性が高いと述べている。したがって，「グリコ・森永事件」の脅迫状が何人に

よって書かれたものなのかといった分析は別に行う必要があるものと思われる。

5.5.2　韜晦文章：自己の文章表現を隠蔽した文章

5.1 節で述べたとおり，自分の筆跡を隠蔽する目的で，日常とは異なる筆跡を記載した場合の筆跡を韜晦筆跡と呼ぶ。同様に，自己の文章表現を隠蔽するために，自己の文章表現を意図的に変えることもありえる。本書では，このような文章を「韜晦文章」と定義する。

韜晦文章に関連する例として，3 つのペンネームを使い分けた日本の小説家・長谷川海太郎が挙げられる。翻訳家でもあった長谷川海太郎 (1900-1935) は，新潟県佐渡市出身で，明治大学卒業後に渡米し，オハイオ州のオベリン大学に入学するも退学，その後は全米を放浪していたという。米国には 6 年間ほど滞在していたようであるが，帰国後に作家活動を始める。一人 3 役をこなしながら，いわゆる「メリケン物」と呼ばれる米国の日系単純労働者の生き方をユーモラスに描いた作品をはじめ，現代探偵小説や都市風俗小説などさまざまなジャンルの作品を世に送り出している。長谷川海太郎は多くの作品を手掛けたものの，35 歳で夭折した。彼が使用した 3 つのペンネームと主の作品を以下に示す。

> 谷譲次：『めりけんじゃっぷ商売往来 (1927)』，『テキサス無宿 (1929)』など
> 林不忘：『釘抜藤吉捕物覚書 (1925)』，『丹下左膳 (1933-1934)』など
> 牧逸馬：『第七の天 (1928)』，『海のない港 (1931)』，『運命の SOS (1931)』など

長谷川海太郎は，3 つのペンネームを使い分け，意図的に文章表現を変えることで，実際に読者に異なる印象を与えていたようである。たとえば，尾崎 (1969) は，『テキサス無宿』の解説において，「谷譲次の作品は，林不忘の文体ともちがい，また牧逸馬とも異なっている。五木寛之の『さらばモスクワ愚連隊』を思わせるようなリズム感が，やや奔放な文体の駆使によって紙面いっぱいに溢れている」と述べている。

さて，この長谷川海太郎のように，意図的に文体を変えた場合，著者識別は不可能なのであろうか。この問いに対して，金 (1996b) は，読点の打ち方に着目し，韜晦文章においても著者は識別が可能であることを検証している。長谷川海太郎のほかに，中島敦，三島由紀夫，井上靖の作品を含めて，読点の打ち方

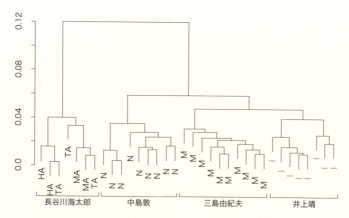

図 5.18　読点の打ち方からみた作家 4 名による作品の分類結果（金 (1996b) より引用）

に着目した階層的クラスター分析を行った結果が，図 5.18 である．この結果をみると一目瞭然で，たとえ文体を意図的に変えたとしても，読点の打ち方までは変えておらず，個人のクセがそのまま現れたものと金 (1996b) は述べている．

以上は，文学作品の例であるが，犯罪場面では証拠を残さないように，自己の文章表現を意図的に変える者がいる．1988 年から 1989 年に発生の「東京・埼玉連続幼女誘拐殺人事件」では，犯人が，殺人事件後に「今田勇子」という女性の名前で朝日新聞東京本社に犯行声明文や告白文を郵送している．偽名かつ性別を偽装していることからもわかるように，明らかに別人を装った文章といえる．参考までに，この文章を疑問文章（長文のため 9 つに分割）として，また犯人がビデオ仲間に送ったとされる手紙（「TSY(A)，TSY(B)」）を対照文章として用いるとともに，その他の事件の文章を無関係文章として分析を行った（文字数は，1,000 文字程度）．図 5.19 は，「助詞の bigram」に着目した多次元尺度法の分析結果である．この結果をみると，2 つの対照文章の間に 9 つの疑問文章が布置されているのがわかる．

以上のとおり，韜晦文章であっても，著者が意識しないために個人のクセが残る文体的特徴を検討することで著者識別が可能となってくる．ただし，どの文体的特徴が韜晦文章には有効であるのかといった検証を今後行う必要があろう．

5.5 作為的に自己の文章表現を変えた文章の分析

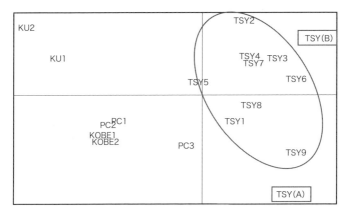

図 5.19　助詞の bigram に着目した多次元尺度法の分類結果
　　　　（TSY1〜TSY9 が疑問文章，TSY(A)・TSY(B) が対照文章）

第6章 著者プロファイリング

6.1 犯罪者プロファイリングとは

犯罪者プロファイリングとは，警察庁においては次のとおり定義されている。

> 「犯行現場の状況，犯行の手段，被害者等に関する情報や資料を，統計データや心理学的手法等を用い，また情報分析支援システム等を活用して分析・評価することにより，犯行の連続性の推定，犯人の年齢層，生活様式，職業，前歴，居住地等の推定や次回の犯行の予測を行うものである。」
>
> （警察白書(2017) より引用）

言い換えれば，犯人の早期検挙や犯罪捜査の効率化を目的として，捜査側で把握しえる事件情報から，犯人の特徴など捜査側が把握していない情報について推定または予測することといえる（財津，2011）。

従来の犯罪者プロファイリングは，殺人や強盗，放火，窃盗，器物損壊事件など犯罪現場が実際に存在するケースを想定している。しかしながら，このような犯罪現場が存在しない事件も存在する。たとえば，名誉毀損や脅迫，ストーカー行為等の規制等に関する法律違反，公職選挙法違反，さらにはサイバー犯罪に絡む事件では，印字された文書や電子メールを送信する，もしくは電子掲示板へ書き込みをするといったケースが挙げられる。このような事案においては，犯罪現場自体が存在しない場合もあることから，従来における犯罪者プロファイリングの手法を適用することは困難である。

そこで，文章情報に基づき，著者の特徴を推定する著者プロファイリングが求められるのである。

6.2 著者プロファイリング研究概要

文体的特徴などの文章情報を基に，疑問文章を作成した著者の特徴（性別，年齢層，教育レベルなど）を推定する分析手法である。著者プロファイリングは，話し言葉や書き言葉などの言語と社会的要因との関連を検討する社会言語学と密接な関係がある。著者の特徴推定に関する応用研究は，主に情報工学系分野で行われ，推定成績の検証とともに，文章上のどのような特徴が推定に有効かを検討している。ただし，管見の限り，わが国の犯罪捜査場面において，著者プロファイリングが応用された実例は存在しない。したがって，今後に活用が期待される手法といえる。また，先行研究を概観すると，著者の特徴の中でも，性別と年齢層を推定する研究が大多数を占めている。そこで，まず性別と年齢層推定に関する先行研究をみていくとともに，犯罪者プロファイリングを目的として実施した著者らの調査研究を紹介することとしたい。

6.2.1 性別推定研究

諸外国における性別推定研究を表 6.1 にまとめた。たとえば，Argamon & Koppel (2013) のブログを対象とした研究によると，女性の場合は，「I」や「me」，「him」といった人称代名詞や「cute」や「love」，「boyfriend」などの内容語を比較的多く用いる傾向がある一方で，男性の場合は，「the」などの限定詞や「as」といった前置詞，「system」や「game」，「site」といった内容語を多く用いる傾向があるとされている。この研究では，Bayesian Multinomial Regression (BMR) という分類器を用いており，最高で 76.1%の正解率を得たとされている。同様に，ブログの品詞や機能語，ブログに特有の単語に着目して，Multi-Class Real Winnow (MCRW) と呼ばれる分類器を用いた研究 (Schler, Koppel, Argamon, & Pennebaker, 2006) における正解率は，80.1%であったという。また，SVM・ベイジアンロジスティック回帰分析・アダブースト決定木の精度を比較した検証研究 (Cheng, Chandramouli, & Subbalakshmi, 2011) によると，SVM の精度が

表 6.1 諸外国における「性別推定」研究

研究者	発刊年	媒体	文体的特徴	分類器	最高推定成績
Corney, De Vel, Anderson, & Mohay	2002	電子メール	機能語, Yule の K, 文の長さなど	SVM	F_1 値：71.1%
Koppel, Argamon, & Shimoni	2002	British National Corpus	機能語, 品詞の n-gram, 文の長さ, 句読点	Winnow algorithm	正解率：82.6%（ノンフィクション）
*Hota, Argamon, & Chung	2006	シェークスピア戯曲	品詞や単語, 機能語, ブログ特有の語	逐次最小問題最適化法（SMO）	正解率：82.66%
Schler, Koppel, Argamon, & Pennebaker	2006	ブログ	品詞や機能語, ブログ特有の語	Multi-Class Real Winnow (MCRW)	正解率：80.1%
Kucukyilmaz, Cambazoglu, Aykanat, & Can	2008	チャット	単語頻度など	k 最近傍法, ナイーブベイズ, PRIM, SVM	正解率：82.2%(SVM)
Cheng, Chen, Chandramouli, & Subbalakshmi	2009	電子メール	機能語, Yule の K, 文の長さなど	SVM, 決定木	正解率：82.20%(SVM) 正解率：80.43%(決定木)
Goswami, Sarkar, & Rustagi	2009	ブログ	文の長さ, 非辞書的単語（スラング, 絵文字など）, 内容語	ナイーブベイズ	正解率：89.3%
Zhang & Zhang	2010	ブログ	単語や品詞頻度, 文の長さ	SVM, ナイーブベイズ, 線形判別分析	正解率：72.1%(SVM)
Cheng, Chandramouli, & Subbalakshmi	2011	Reuters Corpus（ニュースデータ）Enron Corpus（電子メール）	文字数, Yule の K, 機能語など	SVM, ロジスティック回帰分析, 決定木	正解率：85.1%(SVM)
Argamon & Koppel	2013	ブログ	内容語, 機能語	ベイズ多項式回帰モデル	正解率：76.1%
Rangel & Rosso	2013	PAN-AP2013	単語や品詞頻度, 絵文字の比率など	SVM	正解率：57.13%（スペイン語）
Santosh, Bansal, Shekhar, & Varma	2013	ブログ	内容語, 品詞の n-gram, ハイパーリファレンスの数, トピックの内容	決定木	正解率：56.53%（英語） 正解率：64.73%（スペイン語）
Yatam & Reddy	2014	PAN-AP2014（ブログなど）	内容語や品詞の trigram	SVM	適合率：62.22%（品詞の trigram）
Palomino-Garibay, Camacho-Gonzalez et al.	2015	PAN-AP2015（ツイッター）	品詞の bigram, 絵文字頻度など	ランダムフォレスト	F_1 値：77.3%（イタリア語）

*シェークスピア戯曲内の男性役と女性役において使用されるセリフを基にした分析

表 6.2 日本における「性別推定」研究

研究者	発刊年	媒体	文体的特徴	分類器	最高推定成績
池田・南野・奥村	2006	Yahoo, 楽天ブログ	一人称代名詞, 機能語, 形態素	SVM	適合率：91%（男性） 適合率：95%（女性）
石田・佐藤・駒谷	2011	エッセイコーパス	文字の bigram, 品詞の bigram	k 最近傍法, SVM	正解率？：97.8%（k 近傍法） 正解率？：90.6%（SVM）
岩崎・佐藤・駒谷	2012	エッセイコーパス	文字の bigram	SVM	正解率：100%
長浜・遠藤・當間・赤嶺・山田	2013	Twitter	単語頻度, 品詞頻度, 単語の tri-gram	SVM	正解率？：76%（単語頻度） 正解率？：64%（品詞頻度）
木村・大山	2014	Twitter	単語頻度, 品詞頻度	線形分類器	正解率：64.4%
長浜・遠藤・當間・赤嶺・山田	2014	Twitter	単語, 品詞頻度, 品詞の n-gram など	SVM	適合率：81.3%

最も高く，最高で 85.1% の正解率であったという。このほかにも，電子メールに特有の単語や機能語などを対象にした研究 (Cheng, Chen, Chandramouli, & Subbalakshmi, 2009) によると，SVM で 82.20%，決定木で 80.43% の正解率を得たとしている。同様に，決定木は，SVM と比べると推定成績が低い傾向にある (Santosh, Bansal, Shekhar, & Varma, 2013)。

わが国の性別推定研究を概観すると，ブログや Twitter, エッセイコーパスを対象に，SVM によって分析した研究が多く，全体的に 80% 台の性別推定精度が報告されている（表 6.2）。

6.2.2 年齢層推定研究

年齢層推定に関する諸外国の研究を概観する（表 6.3）。Schler, et al. (2006) によると，10 代では「maths」や「homework」,「bored」などの内容語が増加する傾向にあり，20 代では「apartment」,「student」,「college」など，30 代では「marriage」,「son」などが増加傾向にあったとされる。加えて，内容語や機能語，ブログに特有の単語，品詞について，MCRW (Multi Class Real Winnow) と呼ばれる分類器を使用し，10 代・20 代・30 代から 40 代といった年齢層の

表 6.3 諸外国における「年齢層推定」研究

研究者	発刊年	媒体	文体的特徴	分類器	最高推定成績[年齢層カテゴリ]
Schler, Koppel, Argamon, & Pennebaker	2006	ブログ	品詞や機能語、ブログ特有の語	Multi-Class Real Winnow	正解率：76.2%[10代, 20代, 30代]
Kucukyilmaz, Cambazoglu, Aykanat, & Can	2008	チャット	単語頻度など	k最近傍法, ナイーブベイズ, PRIM, SVM	正解率：75.4%[誕生が1976年以前か否か]
Goswami, Sarkar, & Rustagi	2009	ブログ	文の長さ, 非辞書的単語 (スラング, 絵文字など), 内容語	ナイーブベイズ	正解率：80.38%[10代, 20代, 30代, 40代以上]
Tam & Martell	2009	チャット	文字や単語の n-gram	SVM, ナイーブベイズ	F値：99.6%(SVM) F値：65.8%(ナイーブベイズ)[未成年 or 成人]
Peersman, Daelemans, & Van Vaerenbergh	2011	チャット	文字や単語の n-gram	SVM	正解率：88.8%[16歳以下 or 25歳以上]
Argamon & Koppel	2013	ブログ	内容語, 機能語	ベイズ多項式回帰モデル	正解率：77.7%（全特徴使用）[10代, 20代, 30・40代]
Rangel & Rosso	2013	PAN-AP2013	単語や品詞頻度, 絵文字の比率など	SVM	正解率：63.5%（スペイン語）[10代, 20代, 30代]
Santosh, Bansal, Shekhar, & Varma	2013	ブログ	内容語, 品詞の n-gram, ハイパーリファレンスの数, トピックの内容	決定木	正解率：64.08%（英語） 正解率：64.30%（スペイン語）[10代, 20代, 30代]
Yatam & Reddy	2014	PAN-AP2014（ブログなど）	内容語や品詞の trigram	SVM	適合率：39.2%[10代, 20代, 30代, 50代, 60代]

表 6.4 日本における「年齢層推定」研究

研究者	発刊年	媒体	文体的特徴	分類器	最高推定成績 [年齢層カテゴリ]
Izumi, Miura, & Shioya	2008	ブログ	特徴語	ナイーブベイズ	F値：71.0% [10代・20代・30代・その他の4群]
泉・三浦	2009	ブログ	単語のみ，共起語	ブースティング	正解率：88.0%[許容誤差年齢±9歳] 70.0%[許容誤差年齢±5歳]
萩野谷	2009	mixiの日記	助詞のn-gram	判別分析	正解率：86.5%[20代と60代]
萩野谷	2010	mixiの日記	助詞のn-gram，読点前の文字	判別分析，ランダムフォレスト	正解率：88.25%[20代と60代] (ランダムフォレスト，助詞のunigram)
岩崎・佐藤・駒谷	2013	エッセイコーパス	文字のbigram	SVM	正解率：79.9% [生年が1950年前か後か]

推定を試みたところ，全体で76.2%の正解率が得られたと報告している．同様に，ブログを対象としたArgamon & Koppel (2013) も，10代では「school」や「bored」などの内容語や「im」や「so」，「cant」などの機能語が多く，20代では「apartment」や「office」，「work」などの内容語や「of」や「in」などの前置詞が多く，30代では「wife」や「husband」，「children」といった内容語に加えて，20代と同様に「of」や「in」などの前置詞が多く用いられる傾向にあるとしている．推定成績（正解率）については，内容語のみを用いた場合で75.5%，機能語のみを用いた場合で66.9%，内容語と機能語を用いた場合で77.7%であったとされる．年齢層推定への言語の違いを比較した研究 (Santosh et al., 2013) によると，英語で正解率64.08%，スペイン語で正解率64.30%とあまり違いはみられなかったといえる．

翻って，本邦の先行研究は少ない（表6.4）．Izumi, Miura, & Shioya (2008) は，10代・20代・30代から40代，その他の4つの年齢層について，ナイーブベイズによる推定成績の検証を行ったところ，71%のF値が得られたという．

6.2.3 その他の著者特徴の推定研究

以上のとおり，著者プロファイリングの研究は，性別あるいは年齢層といった特徴の推定をメインとしたものが多い．このほかの著者特徴を扱った研究としては，電子メールのサンプルを介して，英語を第1言語としているか否か推定するといった研究 (De Vel, Corney, Anderson, & Mohay, 2002) や，教育水準

の推定に関する研究 (Juola & Baayen, 2005)，パーソナリティタイプの推定研究 (Argamon, Dhawle, Koppel, & Pennebaker, 2005) などがみられる。わが国については，社会言語学における方言研究などはみられるものの，それらを機械学習によって推定するといった研究はあまりみられない。

6.3 性別の推定

6.3.1 機械学習による性別推定の試み（調査研究7）

目的

実務における犯罪者プロファイリングへの応用に資するべく，第1に，100名のブログのサンプルを基に，男女間で特徴量に違いがみられる文体的特徴を探索することとし，第2に，別の新たなブログのサンプル（100名分）を対象に，分類器（男女間で違いがみられた文体的特徴を実装）によって，性別の推定成績を検証することとした。

方法

(1) サンプル

インターネットサイト「Yahoo!ブログ (https://blogs.yahoo.co.jp/)」ならびに「にほんブログ村 (http://diary.blogmura.com/)」のブログからサンプルを抽出した。調査研究7では，著者年齢の影響を統制すべく，上記2つのインターネットサイトそれぞれにおいて，2つの性別（男性，女性）×5つの年齢層（20代から60代）の10グループを設定し，各グループに該当する10名のブログを無作為に抽出することで，両インターネットサイトからそれぞれ100名のサンプルを収集した。つまり，サンプルは，「Yahoo!ブログ」から男女それぞれ50名，「にほんブログ村」から男女それぞれ50名のものである。

(2) 性別推定に有効な文体的特徴の探索

ア) テキストの作成

1つのブログにつき1テキスト，総数100テキストを作成した。文字数については，統制するためにすべて1,000文字を基準とし，1,000文字以降の最初の末尾までを1テキストとした。

イ） 文体的特徴の特徴量を算出

次の文体的特徴の特徴量をテキストごとで算出し，データセットを作成した。

①漢字，ひらがな，カタカナ，ローマ字，数字の使用率，②文字の unigram, bigram, trigram，③読点の打ち方（読点前の文字や単語），④文の長さ（文字数），⑤品詞の unigram, bigram, trigram，⑥単語の unigram, bigram, trigram，⑦単語の長さ（文字数），⑧文末語（句点前の文字や単語）。

ウ） 男女間の各特徴量の比較

各文体的特徴の度数もしくは相対度数を算出した後に，使用率については t 検定を行い，使用頻度に関しては χ^2 検定を実施することで，男女間の特徴量を比較検討した。加えて，AUC とその 95%信頼区間を算出した。

(3)　性別に関する推定成績の検証

男女間で特徴量に有意差（5%水準）がみられ，性別推定に有効と考えられた文体的特徴を用いて，「にほんブログ村」の 100 名のテキスト（テキストの作成や特徴量の算出は，「Yahoo!ブログ」のテキストと同様）を基に，ランダムフォレストと SVM を用いた 1 個抜き交差検証法による推定成績の検証を行った。

ア） 機械学習法

- ランダムフォレスト

  決定木の数を 30,000 本に設定した上で，最適な特徴量の数について探索的に分析を行ったところ，特徴量の数 4 が最も成績が良かったため，これを採用した。

- SVM

  非線形 SVM の中でも，カーネルに RBF (radial basis function) を採用し，C（誤分類の許容レベル）と γ（境界線の複雑さ）のパラメータに関するグリッドサーチを実施し，最適な値を探索した。グリッドサーチでは，正規化の有無の検討も行った。結果として，正規化したモデルを採用した。また，カーネルについて，RBF と線形の比較も行ったが，RBF カーネルの方が推定成績が良かった。

イ） 1 個抜き交差検証法

調査研究 7 では，次のとおりの 1 個抜き交差検証法 (LOOCV: leave-one-out cross-validation) を実施し，性別推定成績を検証した。「にほんブログ村」の100名のサンプルから1名のサンプルを抜き取り，残った99名分のサンプルを学習用データとして，また抜き取った1名のサンプルを評価用データとして，評価用データの性別を推定した。これを100名すべてにおいて実施した。

なお，推定成績として，正解率，適合率，再現率，F値を評価指標に算出したが，犯罪者プロファイリングにおいては，分析者が性別を推定し，推定された結果を捜査員に伝えるが，捜査員にとっては，推定された性別がどの程度的中するか否かが重要となる。このことから，実務上は適合率が最も重要である。

結果

(1) 性別推定に有効な文体的特徴

「Yahoo!ブログ」の100名のサンプルを基に，男女間における文体的特徴の特徴量を検討した結果が表6.5である。これらの17文体的特徴では男女間において特徴量に有意差がみられた。AUCを概観すると，代名詞「私」の使用頻度が最も数値が高く，次いで接続助詞の使用頻度のAUCが高い数値を示した。他方，同じ一人称代名詞である文字「僕」の使用頻度については，AUCが最も低かった。

(2) 性別に関する推定成績の検証

「にほんブログ村」の100名のサンプルを用いて，また性別推定に有効と考えられた17の文体的特徴すべてあるいはいくつかの文体的特徴を探索的に組合せることで，LOOCVによる性別推定の成績を検証した。17文体的特徴のすべてを用いる場合（表6.6）と，漢字の使用率を除外した場合（表6.7）の正解率，適合率，再現率，F値を示した。結果をみるとおり，SVMに比べて，ランダムフォレストの推定成績が良いことがわかる。また，漢字の使用率を除いた場合で，推定成績が最も良かった。

MDAは，AUCと多少異なり，代名詞「私」の使用頻度，代名詞「僕」の使用頻度，小書き文字「ゃ」，名詞の使用率，小書き文字「っ」の順でMDAが高かった。

表 6.5 男女間における文体的特徴量の平均 (SD) および AUC，MDA（財津・金 (2017c) を基に作成）

使用率	男性 平均 (%)	(SD)	女性 平均 (%)	(SD)	t 検定	AUC (95%CI)	MDA[*1]
漢字	27.29	(4.72)	25.50	(3.38)	$p < .05$	0.63 (0.52, 0.74)	13.4
平仮名	53.68	(7.00)	57.43	(4.87)	$p < .01$	0.67 (0.56, 0.77)	35.4
片仮名	8.48	(5.41)	6.52	(3.85)	$p < .05$	0.60 (0.50, 0.72)	9.2
名詞	29.25	(3.80)	26.96	(3.03)	$p < .05$	0.68 (0.57, 0.78)	56.6
使用頻度	度数		度数		χ^2検定		
動詞(自立語)	3577		3872		$p < .01$	0.65 (0.55, 0.76)	43.2
動詞(非自立語)	802		962		$p < .01$	0.63 (0.53, 0.74)	1.4
形容詞(自立語)	579		685		$p < .01$	0.63 (0.52, 0.74)	22.3
助詞(接続助詞)	1755		2049		$p < .01$	0.71 (0.60, 0.81)	21.9
助詞(連体化)	1160		1021		$p < .01$	0.60 (0.49, 0.71)	8.8
感動詞	63		106		$p < .01$	0.64 (0.53, 0.75)	5.3
接続助詞「し」	27		56		$p < .01$	0.60 (0.50, 0.71)	14.4
助動詞「なかっ」	38		16		$p < .01$	0.61 (0.52, 0.70)	25.1
読点	1290		1552		$p < .01$	0.62 (0.51, 0.73)	25.7
文字「私」	59		142		$p < .01$	0.72 (0.62, 0.82)	169.2
文字「僕」	19		2		$p < .01$	0.54 (0.49, 0.59)	69.2
小書き文字「っ」	991		1186		$p < .01$	0.65 (0.54, 0.76)	55.4
小書き文字「ゃ」	73		127		$p < .01$	0.61 (0.51, 0.72)	68.9

[*1] MDA は，「にほんブログ村」を用いたランダムフォレストによって算出したもの

表 6.6 全 17 文体的特徴による推定成績（財津・金 (2017c) を基に作成）

カテゴリ	ランダムフォレスト			SVM		
	適合率	再現率	F 値	適合率	再現率	F 値
男性	43/52 (82.7%)	43/50 (86.0%)	86.3%	33/45 (73.3%)	33/50 (66.0%)	69.5%
女性	41/48 (85.4%)	41/50 (82.0%)	85.7%	38/55 (69.1%)	38/50 (76.0%)	72.4%
正解率	84/100 (84.0%)			71/100 (71.0%)		

表 6.7 漢字の使用率のみ除外した推定成績（財津・金 (2017c) を基に作成）

カテゴリ	ランダムフォレスト			SVM		
	適合率	再現率	F 値	適合率	再現率	F 値
男性	44/52 (84.6%)	44/50 (88.0%)	86.0%	45/65 (69.2%)	45/50 (90.0%)	78.2%
女性	42/48 (87.5%)	42/50 (84.0%)	86.0%	30/35 (85.7%)	30/50 (60.0%)	70.6%
正解率	86/100 (86.0%)			75/100 (75.0%)		

考察

　男女間で文体的特徴の特徴量を比較したところ，表 6.5 に示した 17 の文体的特徴に男女間で有意差がみられた。漢字やひらがなの使用率，名詞の使用率，動詞・形容詞の使用頻度については，先行研究（島崎，2007）と類似した結果が得られた。本調査研究ではブログを分析の対象とし，島崎 (2007) では新聞投書を対象としていた。したがって，漢字やひらがなの使用率，名詞の使用率，動詞・形容詞の使用頻度は，文章が記載された媒体やジャンルに影響を受けにくいロバストな文体的特徴であり，実際の事件に使用された文章においても有効であると考えられる。また，一人称代名詞の中でも，代名詞「私」に関しては，AUC と MDA が最も高く，この結果は先行研究（Argamon & Koppel, 2013；池田・南野・奥村，2006）と同様である。また，読点の使用頻度や小書き文字「っ」「ゃ」の使用頻度は，先行研究で指摘されていない新たな特徴といえる。特に，小書き文字「っ」「ゃ」の使用頻度は，AUC および MDA が比較的高い値であったことに加えて，文章内にある程度存在する特徴であること，また話題内容に影響を受けにくいと考えられることから，性別推定に有効な特徴であると考えられる。

　さらに，これらの文体的特徴を用いて，LOOCV による性別の推定成績を検証したところ，漢字の使用率を除いた場合に，ランダムフォレストで 86.0%，SVM では 75.0% と最も高い正解率が得られた。性別におけるチャンスレベルは 50% であるが，それに比べるとかなり高い推定成績が得られたといえる。また，SVM に比べて，ランダムフォレストの推定成績の高さは明白であった。このように，85% 程度の推定成績を保つことができるのであれば，実務上の捜査支援手法として有用といえるが，推定成績は文字数に多大な影響を受けることが知られていることから，本調査研究の結果が，1,000 文字程度のテキストを対象とした場合に限る可能性に留意する必要があろう。

6.3.2　性別を偽装した文章の文体的特徴の変化（調査研究 8）

　調査研究 7 では，SVM と比べて，ランダムフォレストの推定成績の方が高く，最高で正解率 86.0% が得られた。ただし，調査研究 7 のサンプルは，ブログを用いているため，著者が比較的自然な状態で文章を作成したものと推察さ

れる．しかしながら，犯罪現場では，犯罪の証拠を残さないようにするために，文章表現などを意図的に変える可能性がある（Juola, 2006）．常に犯人が文章を意図的に変容させるとは限らないものの，性別偽装によって変化する文体的特徴に着目していては，性別を正確に推定することができなくなる可能性がある．意図的に文章表現を異性のものとして偽装した場合，どのように文体的特徴が変化するものなのであろうか．

性別偽装に関連した研究は少ない．菊池 (2007) は，男女のデュエット曲「三年目の浮気（作詞・作曲：佐々木勉，歌：ヒロシ&キーボー）」の歌詞における男女のパートを交換して書き換えるといった課題を行っている．この報告によると，文章内の4つの特徴（人称代名詞，終助詞，命令・依頼表現，その他）が書き換えられたとされている．人称代名詞を例に挙げると，男性から女性の場合で「俺 → 私」，「お前 → あなた」といった書き換えが，女性から男性の場合で「あなた → お前」，「私 → 俺」といった書き換えが確認されたという．終助詞に関しては，男性から女性の書き換えによって「よ → わ」，「ぜ → わ」など，女性から男性への書き換えによって「わ → よ」，「だわ → だぜ」などが見受けられている．命令・依頼表現では，男性から女性の場合で「みろよ → みてよ」などがみられたとされている．

このほかの性別偽装研究として，長谷川 (2006, 2008) の一連の研究が挙げられる．長谷川 (2006) は，架空の人物に手紙を書く，あるいは異性に偽装して同様の手紙を書くといった2つの課題を実施するとともに，男性や女性の文章に対するイメージを自由に記述させている．自由記述によると，男性の文は①要件のみで，②事務的でかたい，③気配りがないといったイメージがある一方で，女性の文については①付加的な情報がある，②やわらかい印象，③気配りのあるといったイメージが挙げられている．長谷川 (2006) によると，性別を偽装する際に，このようなイメージ（ジェンダーステレオタイプ）を参照するために，男性／女性らしさへ偏る傾向があり，結果として男性／女性らしさを過度に演出してしまうという．さらに，長谷川 (2008) は，偽装した文章における文体的特徴（読点の打ち方，漢字の使用率，一人称代名詞の使用頻度）の変化を検討している．この研究では，自分の持っている CD を欲しがっている人に対して，それを譲ってもいいという趣旨の手紙を普通に書く場合と，性別を偽

装して書く場合を実験参加者内要因によって検討している。分散分析の結果によると，読点の打ち方，漢字の使用率，一人称代名詞の使用頻度に関して，有意な主効果・交互作用はみられなかったようである。

以上の先行研究を踏まえると，次のような問題点がうかがえた。菊池 (2007) については，①実験参加者のサンプル数が少ないこと，②実験参加者の性別が女性に偏っていること，③年齢層も大学生に偏っていること，④性別偽装課題に用いた文章が歌詞1つのみのため，この歌詞に課題が依存していること，⑤サンプル数が少ないこともあり，統計的仮説検定による検証を行っていないといった問題点が挙げられる。長谷川（2006，2008）についても，自由記述で記載された文章の文字数が少ないことから，統計的仮説検定における検定力がそもそも低い可能性がある。

以上の問題点を踏まえて，調査研究8において，性別偽装による文体的特徴への影響を検証した。

目的

ブログから抽出した文章を原文として，読み手が異性の文章であると誤って認識するようにその原文を書き換える実験を行うことで，性別偽装によって変化する文体的特徴を検討した。

本調査研究では，先行研究における問題点を解消するために，先行研究より多くの実験参加者のサンプルを取得するとともに，性別や年齢層に偏りのないように実験参加者を振り分けた。さらに，長谷川 (2008) でみられた，文章内の文字数が少なかったという問題点を解消すべく，500文字程度の文章をブログから選定し，その原文を異性の文章に偽装するといった形式の実験とした。

方法

(1) 実験参加者

警察職員48名（男性24名，女性24名，平均34.7歳 (SD 8.30)，中央値33.0歳，範囲20－49歳）が実験に参加した。

(2) 原文サンプル

原文のサンプルとして，20代から40代の男女を自称する48名の文章をブログ「にほんブログ村 (http://diary.blogmura.com/)」から抽出した。性別・年齢層の影響を統制するために，6グループ（3つの年齢層 [20代から40代] × 性別

[男女])を設定し,1グループにつき8名のブログの文章を無作為に抽出した。文字数は,500文字以降最初の文末までの文章を用いた。サンプルは,テキストファイルに変換して用いた。

(3) 実験手続き

電子メールを介して原文のテキストファイルを実験参加者へ送信した。実験参加者には「あなたと同じ性別で同年代の人物が書いた文章が添付されているので,男性実験参加者は女性に(女性実験参加者は男性に),その文章の表現や内容を書き換えて下さい。」といった教示を行うことで課題を実施した。

(4) 分析手続き

はじめに,文字数の増減を確認するため,文字数を従属変数とした,2(性別[男性,女性], between要因)×2(文章種別[原文,偽装文], within要因)の2要因分散分析を実施した。

続いて,原文と偽装文における文体的特徴(以下のもの)の使用率の差を算出し,男性実験参加者において使用率が増加(ないし減少)した人数と女性実験参加者において使用率が増加(ないし減少)した人数に関してχ^2検定と残差分析を行った。

本調査研究では,先行研究を参考に以下の文体的特徴を分析対象とした。

なお,文字数の多寡の影響を考慮し,文章内における割合(使用率)を扱った。

- 漢字,ひらがな,カタカナの使用率
- 品詞の使用率
  名詞,動詞(自立),動詞(非自立),形容詞(自立),助詞(接続助詞),助詞(連体化),感動詞
- 読点の使用率
- 小書き文字の使用率:「っ」,「ゃ」
- 一人称代名詞の使用率:「私」,「僕」,「俺」
- 終助詞の使用率:「か」,「ね」,「よ」,「な」,「なぁ」,「わ」,「の」
- 読点の打ち方,読点前の文字の使用率:「は」,「が」,「で」,「て」

結果

(1) 各文章内の文字数

まず，原文は 500 文字を基準としたが，性別を偽装後に文章内の文字数に変化していないか確認した。男性実験参加者の原文は平均 521.4 文字，偽装文は平均 519.1 文字と大きな相違はなかったものの，女性実験参加者については，原文で平均 516.5 文字，偽装文で 472.0 文字と相違が見受けられた。

文字数について，2（性別 [男性，女性]，between 要因）×2（文章種別 [原文，偽装文]，within 要因）の分散分析を実施した結果をみると，5％水準で性別と文章種別に関する主効果に有意差がみられた（$F(1, 46) = 5.05, p < .05, \eta_p^2 = .10$；$F(1, 46) = 4.48, p < .05, \eta_p^2 = .09$）。このように偽装後の文字数が有意に減少していたことから，文章内の文体的特徴の頻度ではなく，使用率に着目した方がよいことが確認された。

(2) 漢字，ひらがな，カタカナの使用率

漢字の使用率の変化を図 6.1 に示す。先行研究（島崎，2007）では，女性の文章に比べて，男性の文章で漢字の使用率が高いとされているものの，図 6.1 の原文における漢字の使用率は，女性の方で高いようにみえる。ただし，両者に有意差はみられなかった。女性に偽装した男性実験参加者の 66.7％で漢字の使用率が減少し，男性に偽装した女性実験参加者の 66.7％で漢字の使用率が増加した。χ^2 検定を実施したところ，有意差がみられた（$\chi^2(1) = 4.08, p < .05, \varphi = .29$）。続く残差分析によると，男性実験参加者が女性に偽装することで漢字の使用率が有意に減少（$p < .05$）するのに対して，女性実験参加者が男性に偽装する際には漢字の使用率が有意に増加（$p < .05$）することが示された。

図 6.2 に，ひらがなの使用率に関する変化を示す。性別の偽装にともない，66.7％の男性実験参加者でひらがなの使用率が増加し，75.0％の女性実験参加者においてひらがなの使用率が減少した。そこで，χ^2 検定を実施した結果，有意差がみられた（$\chi^2 (1 = 6.80, p < .01, \varphi = .38$）。残差分析においては，男性実験参加者が女性として偽装する場合にひらがなの使用率が有意に増加（$p < .01$）し，女性実験参加者が男性として偽装する場合にひらがなの使用率が有意に減少（$p < .01$）することが示唆された。

カタカナの使用率（男性実験参加者の原文 7.8％，偽装文 7.8％，女性実験参

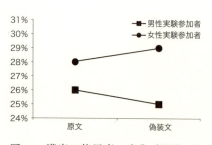

図 6.1　漢字の使用率の変化（財津・金 (2018e) より引用）

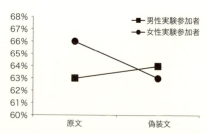

図 6.2　ひらがなの使用率の変化（財津・金 (2018e) より引用）

加者の原文 6.1%，偽装文 6.2%）については，χ^2 検定において有意差はみられなかった。このことから，性別偽装による変化がみられなかったといえよう。

(3)　品詞の使用率

図 6.3 に，動詞（非自立）の使用率に関する変化を示す。動詞（非自立）は，形態素解析ソフト「茶筌 (ChaSen)」による品詞分類の 1 つであり，具体的には「(して) いる」，「(行って) もらう」，「(終わって) い (ない)」などが該当する。性別の偽装にともない，この動詞（非自立）の使用率は，男性実験参加者の 70.8%で増加した。女性実験参加者では 70.8%で減少を示した（1 名のみ変化なし）。χ^2 検定において有意差 ($\chi^2(2) = 10.4, p < .01$, Cramer's $V = .47$) がみられたことから，残差分析を実施したところ，性別偽装によって，男性実験参加者では動詞（非自立）の使用率が有意に増加 ($p < .01$) し，女性実験参加者では有意に減少 ($p < .01$) することがわかった。

助詞（連体化）の使用率に関する変化を図 6.4 に示す。助詞（連体化）の例としては，「(今回) の」，「(そのため) の」などが該当する。性別偽装後，助詞（連体化）の使用率は，男性実験参加者の 66.7%で減少した（1 名のみ変化なし）。女性実験参加者に関しては，66.7%で助詞（連体化）の使用率が増加した。χ^2 検定において有意差がみられた ($\chi^2(2) = 7.19, p < .05$, Cramer's $V = .39$)。続く残差分析では，男性実験参加者で助詞（連体化）の使用率が有意に減少 ($p < .05$) したのに対して，女性実験参加者では有意に増加 ($p < .01$) した。

その他の，名詞，動詞（自立），形容詞（自立），助詞（接続助詞），感動詞の使用率に関する有意差はみられなかった。

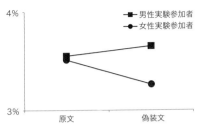
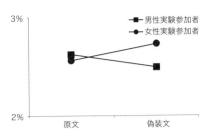

図 6.3 動詞（非自立）の使用率の変化（財津・金 (2018e) より引用）

図 6.4 助詞（連体化）の使用率の変化（財津・金 (2018e) より引用）

(4) 一人称代名詞の使用率

一人称代名詞「私」の使用率に関する変化を図 6.5 に示す。58.3%の男性実験参加者で「私」の使用率が増加し（1 名のみ減少），54.2%の女性実験参加者で減少（3 名のみ増加）がみられた。χ^2 検定において有意差（$\chi^2(2) = 17.5, p < .01$, Cramer's $V = .60$）がみられ，残差分析を実施したところ，性別を偽装することにともない，男性実験参加者では「私」の使用率が有意に増加（$p < .01$）し，女性実験参加者では有意に減少（$p < .01$）した。

「僕」の使用率に関する変化は図 6.6 のとおりである。29.2%の男性実験参加者で減少し，12.5%の女性実験参加者で増加する傾向がみられた（このほかの実験参加者では変化なし）。χ^2 検定で有意差（$\chi^2(2) = 10.4, p < .01$, Cramer's $V = .47$）がみられたため，残差分析を行った結果，男性実験参加者では「僕」の使用率が有意に減少し（$p < .01$），女性実験参加者については「僕」の使用率の

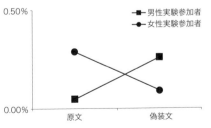
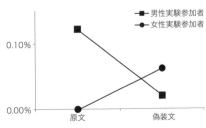

図 6.5 「私」の使用率の変化（財津・金 (2018e) より引用）

図 6.6 「僕」の使用率の変化（財津・金 (2018e) より引用）

増加に関して有意傾向がみられた ($p < .10$)。

(5) その他の文体的特徴

その他の,「終助詞」や「読点前の文字」,「読点」,「小書き文字」の使用率に関して, 原文から偽装文への変化を検討したものの, 有意差はみられなかった。

考察

効果量 φ 係数や Cramer's V の評価基準として,「小 (.10)」,「中 (.30)」,「大 (.50)」がある (水本・竹内, 2008)。これらの評価基準に照らし合わせると,「漢字」の使用率は「小」,「ひらがな」や「動詞 (非自立)」,「助詞 (連体化)」の使用率は「中」程度の効果量であったといえる。これらの文体的特徴と比較して, 一人称代名詞「私」「僕」の使用率は「大」程度の効果量に相当する。このことから, 一人称代名詞は, 性別偽装の際に積極的に書き換えられる特徴であるといえる。また,「漢字」や「ひらがな」の使用率が, 性別を偽装する際に書き換えられる文体的特徴であることも示唆した。長谷川 (2006) によると, 男性の文章に対するイメージとして「事務的でかたい」, 女性の文章については「やわらかい印象」といったものが挙げられていた。全体的に「漢字」の割合が多ければ「かたい」イメージとなり,「ひらがな」の割合が多ければ「やわらかい」イメージとなるのは理解できる。したがって, 性別を偽装する際には, このようなジェンダーステレオタイプが影響して,「漢字」や「ひらがな」の使用率が変化することが考えられる。

「漢字」や「ひらがな」,「動詞 (非自立)」,「助詞 (連体化)」, 一人称代名詞「私」「僕」の使用率が性別偽装によって影響を受けたという分析結果は, 調査研究 7 において示した性別推定の成績に対しても影響があることが予想される。これらの文体的特徴が変化するのであれば, 最高で正解率 86% であった推定成績も下がる可能性があろう。ただし, 本調査研究では,「動詞 (非自立)」や「助詞 (連体化)」を除く「品詞」の使用率や「カタカナ」の使用率,「読点」の使用率, 小書き文字「っ」「ゃ」の使用率に関する性別偽装の影響はみられなかった。したがって, 偽装が疑われる場合には, これらの偽装の影響を受けないと推察される文体的特徴を分析に用いることで, 性別を正確に推定することが可能となるかもしれない。

6.4 年齢層の推定

6.4.1 機械学習による年齢層推定の試み（調査研究 9）

前節では，性別に関する推定を試みた．本節では，年齢層の推定を試みる．100 名のブログのサンプルを基に，年齢層グループ間で特徴量に差異がみられる文体的特徴を探索した後に，別の新たなブログのサンプル（100 名分）を使って，機械学習法による年齢層の推定成績を検証する．

方法

(1) サンプル

サンプルは，前節の性別推定に用いたものと同じである．

(2) 年齢層推定に有効な文体的特徴の探索

ア）テキストの作成

前節と同様に，1 つのブログにつき 1 テキスト，総数 100 テキストを作成した（基準文字数も 1,000 文字）．

イ）文体的特徴の特徴量を算出

前節と同様に，①漢字，ひらがな，カタカナ，ローマ字，数字の使用率，②文字の unigram, bigram, trigram, ③読点の打ち方（読点前の文字や単語），④文の長さ（文字数），⑤品詞の unigram, bigram, trigram, ⑥単語の unigram, bigram, trigram, ⑦単語の長さ（文字数），⑧文末語（句点前の文字や単語）の特徴量をテキストごとで算出し，データセットを作成した．

ウ）年齢層間の各特徴量の比較

各文体的特徴の度数もしくは相対度数を算出した後に，年齢層（20 代から 60 代）グループごとで特徴量の変動を視覚的に図示しながら把握するとともに，各特徴量に関して，χ^2 検定を実施し，年齢層別における特徴量を検討した．

(3) 年齢層に関する推定成績の検証

「にほんブログ村」における 100 名のサンプルを基に，年齢層を推定する上で有効と考えられた文体的特徴を学習させた後に，新たな 100 名のサンプルを

使ってその推定成績を交差検証法によって検証した。

先行研究（荻野谷，2010）では，年齢層を5分割区分した場合に，一部の年齢層に関して推定成績がかなり低いことが示されている。そこで，ある程度の推定成績を保つため，本調査研究では，次の2分割区分で検証を行った。

- 分割区分①「20代 vs. 30代から60代」
- 分割区分②「20代30代 vs. 40代から60代」
- 分割区分③「20代から40代 vs. 50代60代」
- 分割区分④「20代から50代 vs. 60代」

ア）機械学習法

前節の「性別推定」と同様に，ランダムフォレストとSVMを用いた。

イ）1個抜き交差検証法

1個抜き交差検証法 (LOOCV) を実施し，正解率，適合率，再現率，F値を評価指標に算出することで，年齢層に関する推定成績を検証した。

結果

(1) 年齢層推定に有効な文体的特徴

表6.8に，年齢層のグループ別でみた文体的特徴の度数と検定結果を示した。おおむね，①名詞，②読点前の「は（係助詞）」，③「です（助動詞）」+「けど（接続助詞）」，④「ずっと（副詞）」，⑤品詞のbigram（「名詞+名詞」や「副詞+副詞」，「助動詞+形容詞」など）の使用頻度として分類できそうである。また，加齢にともなって，特徴量が増加する傾向があるもの（名詞（一般）や読点前の「は（係助詞）」の使用頻度など）と特徴量が減少する傾向（名詞（接尾－助動詞語幹）や「ずっと（副詞）」など）の文体的特徴に区別できそうである。χ^2検定を実施した結果によると，ほとんどの文体的特徴が5%水準で有意差がみられた。ただし，「です（助動詞）＋けど（接続助詞）」と品詞のbigram「副詞+副詞」については，5%水準において有意差はみられなかった。しかしながら，p値が有意水準と同程度であったこともあり，推定成績の検証の際には，これらの文体的特徴もモデルに組み込むこととした。

(2) 年齢層に関する推定成績の検証

続いて，表6.8の13の文体的特徴を用いて，LOOCVによる年齢層推定の成

表 6.8 年齢層グループ別における文体的特徴の度数および検定結果（財津・金 (2018c) を基に作成）

文体的特徴	年齢層グループ別の度数					χ^2 検定	MDA[*1]
	20代	30代	40代	50代	60代		
名詞(一般)	1482	1625	1524	1684	1805	$p < .01$	4.9
名詞(接尾-助数詞)	58	110	73	93	143	$p < .01$	3.7
名詞(接尾-助動詞語幹)	9	16	8	5	3	$p < .05$	3.8
読点前の「は(係助詞)」	35	36	38	65	75	$p < .01$	4.5
です(助動詞)＋けど(接続助詞)	5	4	0	2	0	$p = .05$	1.5
ずっと(副詞)	7	10	3	1	0	$p < .01$	0.5
名詞＋名詞	599	730	663	748	879	$p < .01$	4.8
名詞(数)＋名詞(接尾-助数詞)	46	95	60	75	132	$p < .01$	3.9
記号＋名詞	633	777	804	847	960	$p < .01$	4.8
助詞(連体化)＋名詞(一般)	207	217	190	244	294	$p < .01$	4.9
助動詞＋記号	367	337	408	387	494	$p < .01$	4.8
助動詞＋形容詞	22	7	13	13	10	$p < .05$	1.4
副詞＋副詞	12	6	11	16	4	$p = .05$	2.8

[*1] MDA とは，変数の重要度を示すものであるが，「にほんブログ村」のサンプルを使用した RF によって算出したものである．

績検証を行い，それぞれの評価指標（正解率，適合率，再現率，F 値）を算出した（表 6.9 (a)〜(d)）．

表 6.9 の分割区分③をみると，両分類器ともに正解率 80%程度の最も高い推定成績が得られた．適合率や再現率，F 値も，その他の分割区分に比べて高い成績を示した．正解率を分類器別でみると，分割区分①と④でランダムフォレストが SVM に比べて多少高かったのに対して，分割区分②と③においては SVM の方がランダムフォレストに比べて推定成績が高かった．分割区分②については，両分類器の正解率の差が 6%ほどあったものの，その他の区分については，ほとんど差がない．犯罪者プロファイリングにおいては適合率が重要といえるが，着目すべき点は，ランダムフォレストにおける分割区分①の「20代」において適合率が 33.3%，分割区分④の「60代」の適合率にいたっては 0%であった．SVM の適合率も，分割区分①の「20代」で 16.7%，分割区分④の「60代」で 33.3%と実務への応用は困難と言わざるを得ない成績であった．これに比べて，分割区分③については，ランダムフォレストと SVM ともに，8 割程度の適

表 6.9 年齢層の分割区分別における推定成績の検証結果（財津・金 (2018c) を基に作成）

(a) 分割区分① 「20 代 vs. 30 代から 60 代」における推定精度の検証結果

カテゴリ	ランダムフォレスト			SVM		
	適合率	再現率	F 値	適合率	再現率	F 値
20 代	1/3 (33.3%)	1/20 (5.0%)	8.7%	1/6 (16.7%)	1/20 (5.0%)	7.7%
30-60 代	78/97 (80.4%)	78/80 (97.5%)	88.1%	75/94 (79.8%)	75/80 (93.8%)	86.2%
正解率	79/100 (79.0%)			76/100 (76.0%)		

(b) 分割区分② 「20 代・30 代 vs. 40 代から 60 代」における推定精度の検証結果

カテゴリ	ランダムフォレスト			SVM		
	適合率	再現率	F 値	適合率	再現率	F 値
20・30 代	18/32 (56.3%)	18/40 (45.0%)	50.0%	24/36 (66.6%)	24/40 (60.0%)	63.1%
40-60 代	46/68 (67.6%)	46/60 (76.6%)	71.8%	48/64 (75.0%)	48/60 (80.0%)	77.4%
正解率	66/100 (66.0%)			72/100 (72.0%)		

(c) 分割区分③ 「20 代から 40 代 vs. 50 代・60 代」における推定精度の検証結果

カテゴリ	ランダムフォレスト			SVM		
	適合率	再現率	F 値	適合率	再現率	F 値
20-40 代	54/68 (79.4%)	54/60 (90.0%)	84.4%	52/63 (82.5%)	52/60 (86.7%)	84.5%
50・60 代	26/32 (81.3%)	26/40 (65.0%)	72.2%	29/37 (78.4%)	29/40 (72.5%)	75.3%
正解率	80/100 (80.0%)			81/100 (81.0%)		

(d) 分割区分④ 「20 代から 50 代 vs. 60 代」における推定精度の検証結果

カテゴリ	ランダムフォレスト			SVM		
	適合率	再現率	F 値	適合率	再現率	F 値
20-50 代	77/97 (79.4%)	77/80 (96.3%)	87.0%	72/88 (81.8%)	72/80 (90.0%)	85.7%
60 代	0/3 (0%)	0/20 (0%)	0%	4/12 (33.3%)	4/20 (20.0%)	25.0%
正解率	77/100 (77.0%)			76/100 (76.0%)		

合率が得られており，実務で使用する際の有用性を示したといえる．

考察

本調査研究では，年齢層のグループ別で特徴量に違いがみられる文体的特徴を探索し，表 6.8 の 13 の文体的特徴が選出された．これらの多くが先行研究で指摘されていないことに加えて，話題内容に影響を受けにくく，汎用性の高い文体的特徴であると考えられる．年齢層推定の成績については，「20 代から 40 代」と「50 代・60 代」に 2 分割した場合の適合率が，ランダムフォレスト・SVM ともに，80% 程度であったことから，捜査支援手法として実務上応用が可

能なものと思われるが，両分類器間に差はあまりみられなかった。

「性別」と異なり，「年齢層」は時間の経過とともに変化する傾向があろう。20年前の30代（現在の50代）と現在の30代では，文体的特徴が異なることが容易に想像できる。このことから，随時テキストデータを更新し，研究を続けていく必要があるかもしれない。

また，性別と同様に，意図的に自己の年齢を偽るといった事件もありえる。たとえば，児童買春にかかる犯罪では，成人男性が未成年の女子児童を誘い出す目的で，未成年の男子など年齢を偽ってSNSなどでやりとりをするといったことは稀ではない。また，成人女性が，10代の男子学生にストーカー行為をしていて，10代の女子学生を装って手紙を書くといった事件も実際に存在している。このことから，年齢層を偽る場合には，どのような文体的特徴が原文から変化するものなのか検討する必要はあろう。

第7章　テキストマイニングを応用した犯行動機の分析

7.1　犯罪者プロファイリングにおける動機の分析

　犯行に至るまでの動機解明は，その犯罪者を犯罪に駆り立てた原因の究明であると同時に，犯罪心理学的現象の理解には欠かせない。また，犯罪の防止もさることながら，犯罪者プロファイリングにおける犯行の予測といった点からも非常に重要である。このようなことから，犯罪心理学分野では，さまざまな犯罪について動機の分析が行われてきた。ただし，従来の動機の分類研究は，研究者に依存しており，恣意的であることも否めない。そこで，犯罪者が動機に関して述べた内容をテキストマイニングによって分析することで，客観的な動機の分類ができるものと思われる。

　そこで本章では，多種多様な動機が存在する殺人事件や放火事件を題材に，テキストマイニングによる犯行動機の分析を従来までの動機研究とともに紹介する。

7.2　殺人事件

7.2.1　殺人事件の動機研究

　越智 (2008) いわく，殺人事件の多くは「金か愛」のトラブルに起因するとされている。一方で，法務省や警察庁による統計のように，殺人事件の動機は，その詳細をみるとかなり細分化されている（「怨恨」，「憤怒」，「痴情（のもつれ）」，「けんか・口論」，「(暴力団) 抗争」，「心中目的」，「遊興費欲しさ」，「借金返済」，「生活苦」など）。また，わが国の先行研究についても，吉益 (1952) は 6

表 7.1　従来の殺人に関する動機研究とその分類

Tennyson (1952)	①利欲 ⑤殺人欲	②怨恨 ⑥確信	③排除	④嫉妬
吉益 (1952)	①利欲 ⑤性的倒錯	②熱情 ⑥好奇心	③名誉と確信	④困窮
Wolfgang (1958)	①喧嘩口論 ⑤強盗 ⑨重罪人の停止	②家庭内の争い ⑥復讐 ⑩逮捕からの逃走	③嫉妬 ⑦偶発的 ⑪出産の隠蔽	④金銭に関する争い ⑧自己防衛 ⑫その他
山岡 (1964)	①愛情の喪失，嫉妬 ⑤家族の反撃 ⑨出生の隠蔽	②怨恨 ⑥強盗 ⑩金銭関係の争い	③性的衝動 ⑦喧嘩口論 ⑪逮捕の阻止	④心中の意図 ⑧暴行に対する反撃 ⑫動機不明
樋口 (1972)	①利欲殺人 ⑤隠蔽殺人 ⑨迷信殺人	②情動殺人 ⑥性的殺人	③葛藤殺人 ⑦名誉確信殺人	④困窮殺人 ⑧精神病殺人
田村 (1983)	①親族型	②性問題型	③喧嘩型	④その他型
(連続殺人) Holmes & De Burger (1988)	①幻覚型	②任務遂行型	③快楽型	④力・支配型
(連続殺人) Fox & Levin (1998)	①パワー型 ⑤恐怖型	②復讐型	③忠誠型	④利益型
(連続性的殺人) Keppel & Walter (1999)	①力主張型	②力再確認型	③怒り報復型	④怒り興奮型
Salfati & Canter (1999)	①道具的/ 機会的	②道具的/ 認知的	③表出的/ 衝動的	
Douglas et al. (2006)	①犯罪事業殺人	②個人因殺人	③性的殺人	④集団因殺人

分類（利欲，熱情，名誉と確信，困窮，性的倒錯，好奇心），山岡 (1964) は 12 分類（怨恨や喧嘩口論，心中の意図，強盗の目的など）を提唱し，そのほかにも樋口 (1972) の 9 分類（利欲殺人，情動殺人など），田村 (1983) の 4 分類（親族型，性問題型，喧嘩型など）がある．このように，殺害動機は研究者などによってさまざまな分類がされている．

表 7.1 は，従来における殺人事件に関する動機研究をまとめたものである．ただし，すべての研究が網羅されているわけではない．

山岡 (1970) は，愛情による殺人，自殺のための殺人，象徴としての殺人，社会に対する敵意による殺人といった例を挙げ，殺人という犯罪は，単に被害者に対する加害者の敵意の爆発によるのではなく，かなりの長期間にわたる心理的葛藤や挫折感の積み重ねでもあるという．このことから，殺人の動機の理解

には，犯罪場面における因果関係のみに着目してはならないと述べており，殺害動機の理解が困難であることに言及している．

従来は，研究者個人の経験などからの分類も多く，視点が異なれば分類も異なっていた．最近の傾向としては，犯罪者プロファイリングの影響もあり，連続殺人の動機に関する研究が増えている傾向がみられる．また，英国のDavid Canter教授が推進した統計解析を駆使した，いわゆるリヴァプール方式（多変量データ解析に基づく手法）の影響によって，動機に類似した概念である犯行テーマの分析といったものがみられるようになっている．犯罪者が述べた動機そのものを客観的に分類する動機研究は，意外と存在しないようである．このことから，調査研究10では，殺人事件に関する動機について，テキストマイニングによる分析を行った．

7.2.2 殺人事件の動機分類（調査研究10）

目的

被害者が1名の殺人事件において被疑者が供述した動機の文章をテキストマイニングによって分析し，殺人事件に関する動機を分類する．

方法

(1) サンプル

1名を殺害して検挙された殺人犯に関する事件資料（平成16年以降）を対象とし，非復元抽出によるランダムサンプリングを行い，殺人犯372名に関する事件資料を抽出した．本調査研究では，この事件資料内の，殺害に関する動機が要約して記載された文章（文字列）を分析対象とした．

なお，実際に統計解析の対象となったサンプルは372名中310名であった（男性245名，女性65名，平均45.5歳（SD16.8），中央値46.0歳，範囲14-90歳）．

(2) 分析手続き

殺人犯372名の殺害動機に関する文章をテキストに変換し，形態素解析により品詞情報を付加した．形態素解析が正しく行われているか確認した後に，名詞タグ付きの単語のみを抽出するとともに，クリーニング作業を行った．

次に，テキストごとにそれぞれの名詞の出現頻度を算出した．本調査研究では，総度数2以下の名詞を分析対象から除外したため，統計解析の対象となっ

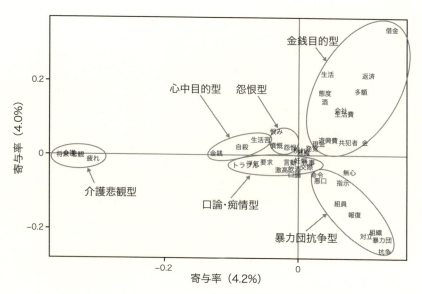

図 7.1 殺人事件における動機の分類結果（財津 (2015) より引用）

たテキストは前述の「サンプル」に示した 310 名である。

以上から，殺人事件のデータセット（310 名のテキスト × 68 名詞）を作成し，重み付きユークリッド距離を用いた古典的多次元尺度法を実施した。

結果

殺人事件の動機に関する多次元尺度法の結果を図 7.1 に示す。中心部付近に布置した名詞は殺害動機として典型的であることを示し，中心部付近から離れる名詞ほど特徴的であることを意味する。名詞の布置関係から，6 類型が見出された。

考察

図 7.1 のとおり，原点付近に「口論・痴情型」が位置していることから，これが殺害動機の中心であることがうかがえる。

これらの 6 類型の意味は，日本で発生するほとんどの殺人事件がこの 6 つの類型に該当することを示唆する。ただし，この類型はあくまで典型的な殺害動機を示したものであり，いわゆる快楽殺人といった特異で稀な殺害動機による殺人事件は該当しない。

先行研究である山岡 (1964) の殺害動機と比較してみると，ある程度対応していることがわかる。

本調査研究	山岡 (1964)
「口論・痴情型」	「喧嘩口論」
「怨恨型」	「怨恨」
「心中目的型」	「心中の意図」
「金銭目的型」	「強盗の目的」

ただし，本調査研究でみられた「介護悲観型」や「暴力団抗争型」に該当する動機は，山岡 (1964) など従来の動機研究にはあまりみられない。「介護悲観型」は，諸外国または従来の日本にもあまりみられなかったもので，近年の日本社会の有り様を示していると考えられる。白川部・越智 (2017) によると，介護殺人は，介護者の身体状況の悪化や将来の悲観を動機とし，配偶者間による介護殺人の場合は，別居する子どもとの接触がないといった特徴がみられるほか，病苦や経済的困窮などの環境要因が原因となるケースが多いようである。

7.3 放火事件

7.3.1 放火事件の動機研究

従来の放火に関する動機研究を表 7.2 にまとめた。

諸外国については，Lewis & Yarnell (1951) が古く，近年では Kocsis (2002) が放火に関する動機に言及している。また，米国 FBI では，次の放火の 6 類型を提唱している (Douglas, Burgess, Burgess, & Ressler, 2006)。

① 復讐型：個人に対する計画的な 1 回だけの放火と，社会に対する無計画な連続放火の下位分類がある。肉体労働に従事している成人男性が多いとされる。
② 利益型：保険金を詐取することを目的とした放火
③ 犯罪隠蔽型：犯罪に関する証拠を隠滅する目的の放火
④ 興奮型：スリルや注目，英雄としての承認，性的満足を得るために，資

> 材置き場や建築現場などに放火するタイプ。親と同居している無職の若年男性が多い。
> ⑤ ヴァンダリズム型：主に悪戯目的で，複数の非行少年（7歳から9歳）が教育施設や居住地域，草木に対して放火するのが典型とされる。
> ⑥ 過激派型：社会・政治・宗教上のテロ活動の一環としての放火

　英国では，Canter & Fritzon (1998) が，犯行テーマといった放火動機に類似した概念から放火犯を分類している。報告によると，放火に関する複数の事件情報について最小空間分析を行うことで，次の4つの犯行テーマを見出してい

表7.2　従来の放火に関する動機研究とその分類（財津 (2016) より一部改変して引用）

Lewis & Yarnell (1951)	①復讐　⑤偶発的放火	②性的快楽	③悪戯	④妄想
Boudreau et al. (1977)	①復讐，怨恨，嫉妬　⑤テロ活動など	②利得（保険金）目的　⑥放火癖など	③犯罪の隠蔽，容易化	④ヴァンダリズム，悪戯
中田 (1977)	①怨恨，憤怒　⑤不満の発散　⑨悪戯	②保険詐欺　⑥性的動機　⑩逃走	③犯行の隠蔽　⑦火に対する喜び　⑪郷愁（仮性郷愁）	④犯行の容易化　⑧自殺　⑫消火後振舞いを受ける
山岡 (1980)	①対人関係での争い　⑤火事騒ぎ	②世間に対する不満	③敵意の置き換え	④火の喜び
田村・鈴木 (1997)，鈴木 (1999)（連続放火のみ）	①不満　⑤その他	②面白い	③恨み・痴情	④保険金目的
Canter & Fritzon (1998)	①表出的/対人	②道具的/対人	③表出的/対物	④道具的/対物
桐生 (1998)	①対人型（田舎型）　⑤ヴァンダリズム型	②利欲型	③副次型	④対社会型（都市型）
吉川・山上 (1998)	①復讐による放火　　（怨恨・嫉妬）	②手段としての放火　（犯行隠蔽と容易化，救いの嘆願，ヴァンダリズム，ヒーロータイプ）	③カタルシスによる放火　（性的快楽，快楽や興奮，ヴァンダリズム，倦怠・安堵・緊張）	④妄想による放火
上野 (2000)	①怨恨・憤怒　⑤不満の発散　⑨火事騒ぎ	②痴情関係　⑥性的興奮　⑩郷愁	③保険金詐取　⑦自殺　⑪自己顕示欲（英雄志向）	④犯行証拠の隠滅　⑧火遊び
Kocsis (2002)	①怨恨　⑤政治目的	②利益　⑥精神病理学的要因	③犯罪隠蔽	④ヴァンダリズム
Douglas et al. (2006)	①復讐型　⑤ヴァンダリズム型	②利益型　⑥過激派型	③犯罪隠蔽型	④興奮型
Wachi et al. (2007)（連続放火，女性のみ）	①表出的放火	②道具的放火		

る。「表出的」放火とは，感情的な解放感を得るための放火で，「道具的」放火とは，復讐や証拠隠滅といった目的のための放火を意味する。

① 表出的/対人放火：感情的解放感を得るため，自宅などに放火するタイプ
② 道具的/対人放火：復讐などの動機で放火するタイプ
③ 表出的/対物放火：感情的な解放感を得るため，公共物に放火するタイプ
④ 道具的/対物放火：証拠隠滅などの目的で放火するタイプ

　一方，わが国においても，放火の動機について言及した研究は多く存在する。
　これらの研究を概観すると，放火動機の分類は，研究者によって手法がさまざまで分類数も異なる。従来の方法は，主に，①放火犯への面接あるいは調査によって，その供述内容を分析者が詳細に検討し，動機を分類する方法，もしくは②着火対象や油類の有無，犯行時間帯といった複数の放火形態を変数として多変量データ解析を実施し，次元上に布置された変数の関係から包括的に放火犯罪や動機を分類する方法に分けることができる。①の方法は，分析者の直観や洞察に依存するため，分析技量や経験に影響されるといった問題が考えられる。②の方法は，データを統計解析することで得られる知見であることから，①の問題点を解消しているものの，本来犯行動機の分析は，犯罪者が動機に関して供述した内容そのものを原データとして分析するのが好ましい。次の調査研究 11 と 12 では，放火犯が供述した放火動機を要約した事件資料を代替的に使用し，放火動機の分類を試みた。

7.3.2　単一放火の動機分類（調査研究 11）
　目的
　1 回だけ放火に及んで検挙された放火犯が供述した動機の文章をテキストマイニングによって分析し，単一放火に関する動機を分類することを目的とした。
　方法
　(1)　サンプル
　放火事件を 1 回のみ及んで検挙された放火犯に関する事件資料（平成 16 年

以降）を対象とし，非復元抽出によるランダムサンプリングを行い，315 名に関する事件資料を抽出した。本調査研究では，この事件資料内の，放火動機が要約して記載された文章（文字列）を分析対象とした。

なお，実際に統計解析の対象となったサンプルは315名中253名であった（男性200名，女性53名，平均41.2歳（*SD*16.6），中央値40.0歳，範囲14-89歳）。

(2) 分析手続き

ア）データセットの構築

単一放火犯315名の放火動機が記載された文章をテキストに変換した後に，形態素解析を実施し，品詞情報を付加した。形態素解析が正しく行われているか確認した後に，名詞タグ付きの単語のみを抽出した。その際，「こと」など意味を持たない名詞は削除し，「○○だから放火した。」など，動機に関連しない「放火」，「火」の箇所については除外した。合わせて，「鬱憤」，「うっぷん」，「うっ憤」を「鬱憤」に，あるいは「いらいら」や「イライラ」を「イライラ」に統一するといったクリーニング作業を行った。

続いて，テキストごとにそれぞれの名詞の出現頻度を算出した。本調査研究では，総度数2以下の名詞については分析対象から除外したことから，総度数2以下の名詞のみのテキストは統計解析の対象から除外され，統計解析の対象となったテキストは前述の「サンプル」に示したとおりである。

以上の手続きを経て，単一放火のデータセット（253名のテキスト×67名詞）を作成した。

イ）多変量データ解析の実施
- 古典的多次元尺度法（重み付きユークリッド距離を使用）
- 階層的クラスター分析（Ward法およびユークリッド距離を使用）

結果

単一放火の動機に関する多次元尺度法ならびに階層的クラスター分析の結果を図7.2に示す。階層的クラスター分析によると，67の名詞は6つのクラスターに分類された。それぞれのクラスター内に布置された名詞の内容を検討し，最終的に7類型として解釈した。

表7.3に，類型ごとの名詞の出現頻度を示した。

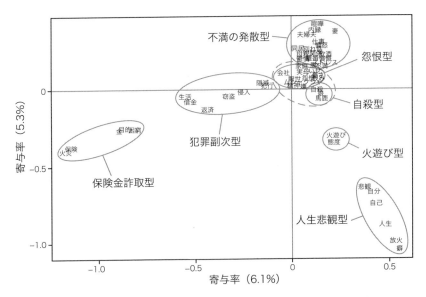

図 7.2 単一放火犯の動機に関する分類結果（財津 (2016) より引用）

考察

図 7.2 で示すとおり，原点付近に「怨恨型」があることから，単一放火の動機の中心が「怨恨」であるといえる。

先行研究と比較すると，中田 (1977) の「性的動機」や上野 (2000) の「性的興奮」に類似する類型はみられず，中田 (1977) や上野 (2000) が言及していた「郷愁」，中田 (1977) の「消火後振舞いを受ける」ための放火，諸外国でみられた「過激派型」やそれに準ずる動機も確認できなかった。

7.3.3 連続放火の動機分類（調査研究 12）

目的

連続で犯行に及んだ放火犯が供述した動機の文章をテキストマイニングによって分析し，連続放火に関する動機を分類する。

表7.3 単一放火における類型ごとの名詞の出現頻度（財津 (2016) より引用）

怨恨型		自殺型		不満の発散型		犯罪副次型		保険金詐取型		火遊び型		人生悲観型	
腹いせ	22	自殺	30	鬱憤	27	借金	11	金	12	火遊び	8	悲観	9
憂さ	10	馬鹿	5	妻	22	生活	11	保険	7	態度	4	自分	5
恨み	9	娘	3	憤怒	15	侵入	5	火災	5			放火	4
怨恨	7			喧嘩	13	犯行	4	目的	5			自己	4
嫌がらせ	7			母親	12	返済	4	困窮	4			人生	3
嫌	6			夫	12	窃盗	3					癖	3
会社	5			ストレス	11	隠滅	3						
精神	5			仕事	11								
家族	5			父親	9								
実母	4			夫婦	8								
騒ぎ	4			憤慨	8								
ムシャクシャ	3			不満	7								
事件	3			口論	7								
厭世	3			同居	6								
心中	3			内縁	5								
被害	3			家	5								
近所	3			家庭	4								
遊興	3			腹	4								
興味	3			関係	4								
				離婚	4								
				飲酒	4								
				タバコ	3								
				別れ話	3								
				嫌気	3								
				男女	3								

方法

(1) サンプル

米国 FBI の「犯罪分類マニュアル」(Douglas et al., 2006) における放火定義にならい，本調査研究の「連続放火」を「感情的な冷却期間をおいて3箇所以上の離れた場所に放火すること」とした。「冷却期間」とは，およそ「複数放火をそれぞれ別日に及ぶこと」である。

上記定義に従い，複数の放火事件（平成16年以降）に及んで検挙された連続放火犯155名に関する事件資料を収集した。これらの事件資料内に記載されていた放火動機に関して要約された文章（文字列）を分析対象とした。

調査研究11と同様の理由により，統計解析の対象となったサンプルは，155名中127名となった（男性107名，女性20名，平均37.4歳（SD13.5)，中央値36.0歳，範囲14-80歳)。

7.3 放火事件

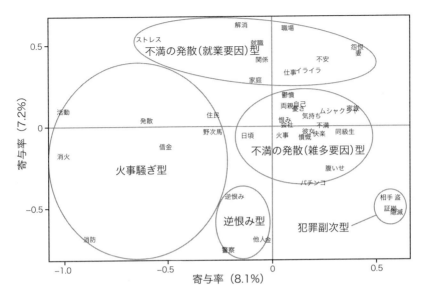

図 7.3　連続放火犯の動機に関する分類結果（財津 (2016) より引用）

(2) 分析手続き

調査研究 11 と分析手続きは同じである。データセット（127 テキスト × 44 変数）を作成し，古典的多次元尺度法（重み付きユークリッド距離）と階層的クラスター分析（Ward 法，ユークリッド距離）を実施した。

結果

図 7.3 は，連続放火の動機に関する多次元尺度法ならびに階層的クラスター分析の結果である。階層的クラスター分析の結果によると，44 の名詞は 5 つのクラスターに分類することができ，それぞれのクラスター内に布置された名詞の内容を検討し，各クラスターを図 7.3 の 5 類型として解釈した。

表 7.4 に，類型ごとの名詞の出現頻度を示した。

考察

図 7.3 の原点付近には，「不満の発散」が存在したことから，不満を発散するといったことが連続放火の動機の中心に存在するといえよう。

調査研究 11 と同様に，「郷愁」や「消火後振舞いを受ける」ための放火，「過

表 7.4 連続放火における類型ごとの名詞の出現頻度（財津 (2016) より引用）

不満の発散型 (雑多要因)		不満の発散型 (就業要因)		火事騒ぎ型		逆恨み型		犯罪副次型	
鬱憤	41	イライラ	15	借金	6	警察	4	相手	6
憂さ	16	仕事	12	住民	5	他人	3	証拠	4
不満	8	ストレス	10	活動	5	逆恨み	3	隠滅	4
ムシャクシャ	7	解消	8	消防	5	金	3	盗	3
恨み	7	怨恨	6	消火	4				
日頃	5	就職	4	発散	4				
快楽	5	職場	4	野次馬	3				
気持ち	4	関係	4						
会社	4	不安	3						
憤慨	4	妻	3						
腹いせ	4	家庭	3						
パチンコ	3								
両親	3								
同級生	3								
家族	3								
彼女	3								
火事	3								
自己	3								

激派型」は，研究 2 のサンプル（155 名）内に確認できなかった。これらの動機は，時代背景や社会・文化的背景が影響しており，近年ではあまり見受けられない放火動機である可能性があろう。

7.3.4 総合考察

調査研究 11 と 12 では，放火犯が供述した動機にかかる文章を基に，多変量データ解析を実施し，放火動機の分類を試みた。その結果によると，調査研究 11 の単一放火については，7 類型（①怨恨型，②自殺型，③不満の発散型，④犯罪副次型，⑤保険金詐取型，⑥火遊び型，⑦人生悲観型），調査研究 12 の連続放火については，5 類型（①不満の発散（雑多要因）型，②不満の発散（就業要因）型，③火事騒ぎ型，④逆恨み型，⑤犯罪副次型）が見出された。「人生悲観型」や「逆恨み型」といった動機は，従来の研究でも指摘されていない。また，

単一放火の中心となる動機が「怨恨」であることが示されたとともに,「自殺型」が「怨恨型」と近い概念であることが示された。他方,連続放火では,「不満の発散」が動機の中心であるとされてきた先行研究と同様の結果となった。先行研究で指摘されていた「郷愁」や「消火後に振舞いを受けるため」といった時代背景に左右される動機,「テロ活動」や「自殺」目的の放火といった社会・文化的背景に影響する動機については見受けられなかった。加えて,複数の先行研究で報告されていた「性的」要素を含む動機については,本調査研究の連続放火犯で 1 名のみしか存在しなかった。DSM-IV (American Psychiatric Association, 2000) で指摘されていた「放火癖 (Pyromania)」についても,希少性が非常に高い動機といえそうである。

　中田 (1977) によると,「連続放火では,怨恨・憤怒の対象が単一の個人から複数の個人へ,特定の個人から不特定の個人へと拡大することがかなり重要」とされ,単一放火と連続放火の間には,動機の連続性が存在するものと考えられる。そこで,単一放火と連続放火における動機の対応関係やその変遷について考察する。本調査研究の単一放火と連続放火で共通した動機の類型としては,「不満の発散型」と「犯罪副次型」が挙げられる。ただし,連続放火の「不満の発散型」は 2 分類されたことや「不満の発散」から「怨恨・憤怒」,「火事騒ぎ」へと動機が変遷する事例（上野,2000）も見受けられることから,単一放火の「不満の発散」と連続放火の「不満の発散」が対応するとは限らない。他方,「犯罪副次型」については,犯行目的が現金などを窃取することであり,放火が副次的に発生すると考えると,「犯罪副次型」から異なる類型への移行は少ないものと推測される。いずれにせよ,この動機の変遷に関する明確な結論を得るためには,同一の連続放火犯について,初犯の放火とそれ以降の放火の動機を比較するといった縦断的研究による検証が求められよう。

　「犯罪分類マニュアル」(Douglas et al., 2006) を参照すると,放火は,「単一放火」,「大量放火」,「スプリー放火」,「連続放火」の 4 つに分類されている。「単一放火」と「連続放火」の定義は前述したとおりである。「大量放火」とは,限定された時間内に同一場所で 3 箇所以上に放火することで,「スプリー放火」は,感情的な冷却期間がなく,離れた 3 箇所以上に放火することを意味する。「大量放火」や「スプリー放火」は,他 2 類型（「単一放火」「連続放火」）と比較

すると，その動機が異質である可能性がある。たとえば，罪種は異なるが，通り魔事件を分析した渡邉 (2004) によると，加害者の特徴は，「単一犯」，「スプリー犯（大量型とスプリー型の混合）」，「連続犯」によって異なるとされており，中でも「スプリー犯」の犯行動機に「妄想」が多かったと報告されている。このことから，放火についても，Lewis & Yarnell (1951) や吉川・山上 (1998) が言及していた「妄想」による放火というものも見受けられるかもしれない。

第 8 章　今後を見据えて

8.1　日本の法科学における新たな分析手法としての確立に向けて

　本書刊行の最大の目的は，わが国の捜査機関や法曹関係者，または裁判員になりうる一般市民への計量的文体分析の周知にある．本書で紹介したとおり，著者識別については，諸外国で 100 年以上も前から研究されており，日本においても文学作品などを題材として古くから研究されている．また，英国をはじめ，近年には裁判において分析結果が証拠として積極的に提出されるといった状況にある．一方，2018 年現在のわが国では，この著者識別を含め，計量的文体分析を事件に活用したという都道府県警察は数えるほどである．日々犯罪捜査の現場に接しているものの，そもそも本手法の存在を知っている捜査員自体が皆無といってよい状況にある．しかしながら，実際には，著者識別に限らず，著者プロファイリングといった手法も多くの需要がある．殺人事件において犯人が犯行声明文を送付するといった例をはじめ，脅迫，ストーカー犯罪，名誉毀損など，計量的文体分析が活用できうる事件は例を上げればきりがない．

　大学において，著者識別の研究を行うかたわら，事件に関する分析の依頼を受けていた同志社大学の金明哲氏のところには，事件解決を切に望む捜査員が訪問する．彼らは，何とか事件を解決したいという想いでさまざま調べた末に著者識別といった手法があることを知り，その第一人者である金明哲氏を訪ねるのである．著者自身もその一人であった．それから数年，金明哲氏の指導のもと，研究を続け，わが国の犯罪捜査においても非常に有効なツールであるとの確信が得られたことから，実際の事件に関しても分析を行った．ある事件では，被疑者が取調べにおいて犯行を否認していたことから，「犯罪に関与した

印字文書の文章と被疑者が過去に書いた文章は，同一人物による文章か否か」といった分析の依頼を受けて分析を行った。そして，その後の 2016 年には，おそらくわが国で初めてであろう，その分析結果が裁判において証拠採用されている。ほかにも，証拠がまったくないために，捜索差押許可状（いわゆるガサ状）の請求もできなかった事件で，本手法の分析結果のみを基に捜索差押許可状を請求，それが裁判官に認められ，自宅を捜索したところ，明らかな証拠が発見され，事件解決に向けて動いた例もみられる。

　また，著者識別に限らず，著者プロファイリングも需要があるにもかかわらず，わが国では実務はおろか，研究すらほとんど進んでいないのが現状である。著者プロファイリングの必要性があったと思われる事件の 1 つに，1988 年から 1989 年に発生の「東京・埼玉連続幼女誘拐殺人事件」が挙げられる。この事件では，殺人事件後に「今田勇子」といった女性の名前で朝日新聞東京本社に犯行声明文や告白文が郵送されている。実際の犯人は，男性であったにもかかわらず，文章が「情緒的」で，「陰湿」，「文章全体が長い」，「ネチネチしている」などの「女性らしさ」があるといった根拠から，マスメディアにおいてはさまざまな識者が女性と誤って推定したとされている（武田，1990）。このことは，記載された話題内容から主観的に性別を推定することの困難さを物語っている。それも当然で，犯人は明らかに自己の性別を偽装し，読み手に「女性」であると思わせるような内容であったため，正しい性別の推定は困難であったと思われる。この文章は，かなりの文字数があったが，これに関して，財津・金 (2017c) は，犯行声明文や告白文の文章を 10 のテキスト（1 テキスト 1,000 文字程度で）に分割し，17 の文体的特徴を使用したランダムフォレストモデルによって性別推定を試みている。その結果によると，小書き文字「っ」と「ゃ」の使用頻度に着目すると，10 テキスト中 8 テキストを「男性」と正しく推定することができたとしている。この結果は，マスメディアの識者のように主観的に判断するのではなく，データを基に客観的に分析するといった犯罪者プロファイリングそのものであり，より科学的方法といってもよい。加えて，意図的に性別を偽装しても，変化が少ない文体的特徴を用いることで，より精度の高い分析が可能となることを示した例である。わが国の犯罪者プロファイリングは，米国や英国に比べると 10 年から 20 年遅れて開始されたものの，今現在

のレベルは世界に引けを取らないところまできている．著者プロファイリングも同様に，今後は研究と実務上の実績を積み重ねることで，少しずつ犯罪捜査の現場に浸透していくであろう．

8.2　科学鑑定としての評価基準

　著者識別といった手法は，英国で実際に証拠として法廷に提出されていることはすでに述べたとおりであるが，わが国においても今後は筆跡鑑定と同様に，裁判において科学鑑定としての評価を受ける日が来ると予想される．勝又(2008)によると，日本では，科学鑑定の信頼性を評価する基準が特に設けられていないという．また，辻脇 (2010) によれば，わが国では，科学的証拠の信頼性にかかわる具体的判断を裁判官の自由心証に委ねるという立場を従来から採用している．一方で，米国の裁判には，フライ基準やドーバート基準といった評価基準が存在する．わが国の法廷においても，米国のドーバート基準を満たすということは，その科学鑑定の信頼性を高める意味では同様に重要であるといえよう．

　フライ基準は，学会において一般的に承認されている手法か否かを焦点とする基準で，ポリグラフ検査の信頼性に関する評価が問題となった 1923 年における米国のフライ裁判において採用されたものである．このフライ基準は，比較的厳しい基準であって，新しい鑑定法がいくら科学的に信頼性の高い手法であったとしても，学会において承認されていないのであれば，証拠採用されないといった問題があった．そこで，フライ基準に比べて，より柔軟で許容範囲が広い基準として登場したのが，1993 年の裁判で示されたドーバート基準である．

　表 8.1 にドーバート基準の概要を示した．勝又 (2008) によると，この基準を採用する米国の州が増えているという．

　この 4 つの基準に照らし合わせて，著者識別を考察していく．まず，理論や方法の検証性については，本書でも紹介したとおり，すでに諸外国をはじめ，わが国においても数多くの著者識別研究でその有効性が実証されている．この検証性に関連して，本庄 (2017) は，証拠能力の採用にとって重要なのは，「事後

表 8.1　ドーバート基準の概要（勝又 (2008) より引用）

1. 理論や方法が実証的なテスト可能であること 　・科学的方法論は仮説の実証的テストに基盤を置く 　・仮説が実証的テストにより修正されうることが重要
2. 理論や技術がピア・レヴューされていること 　・科学者のコミュニティで点検されることが重要 　・出版は適切な考慮要素であるが決定的ではない
3. 誤差率や標準手技が明らかにされていること 　・どの程度の誤りが生ずるかが明らかにされることが必要 　・定性的な判断については誤差率は必ずしも適用できない
4. 専門的分野で一般的に受け入れられていること 　・フライ基準の「一般的承認」は依然として考慮に値する 　・コミュニティにおける受容の程度が考慮要素となる

的な検証可能性の確保」であると述べている．その例として，最も望ましいのは，鑑定資料を適切に保存しておき，事後的に再鑑定が行えるようにしておくことであると述べている．本書でも述べたとおり，計量的文体分析による著者識別は，誰がいつどこにおいても同じ分析手続きを踏めば，同一の結果が得られるといった手法で，再分析も可能といった検証可能性を有する手法といえる．第2のピア・レヴューについては，国際的には，「The International Journal of Speech, Language and the Law（「Forensic Linguistics」の後身雑誌）」といった法言語学に関連する雑誌において検証されているほか，日本においても計量国語学会や日本行動計量学会，日本法科学技術学会などの学会において査読を受けた学術論文が多数存在する．第3の誤差率については，従来から機械学習を用いて著者識別精度の検証がされていたほか，本書の調査研究で紹介した正確性に関する結果（感度や特異度など）は，誤差率の提示といった点に関する一助となったものと考える．第4の一般的承認についても，著者識別研究は，多くの研究者や実務家などがさまざまな学会などで研究発表しており，各種関連学会において容認されているものと考えられる．

8.3 鑑定結論に至る根拠ならびに鑑定結論の表現方法

8.3.1 鑑定結論に至る根拠

筆跡鑑定やポリグラフ検査をはじめ，鑑定においては分析結果を総合し，最終的に鑑定人が結論を出す．筆跡鑑定であれば，疑問資料と対照資料を比較し，類似点や相違点を検討することで，筆者が「同一人」（ないし「別人」）であるといった「筆者」に関する結論を出すのが通常である．しかしながら，そもそも得られた分析結果を基に「筆者」に関してまでの結論を導き出せるのだろうか，極端な話をすると，疑問資料と対照資料の筆跡が「類似している」とまでは言えるが，「筆者が同一人」とまでは言えないのではないかという指摘があるかもしれない．計量的文体分析による著者識別に関しても同様で，複数の分析結果を総合しても，文章が「類似している」とは言えるものの，「2つの文章の著者が同一人」などとまで言えるのかと指摘されることも予想される．これについては，本書でも検証したとおりのスコアリングルールに沿って得点を付与し，その得点を基に著者に関する結論を判断することが可能といったことも1つの方法と考えられる．また，別の説明として，DNA型鑑定のような確率論を用いることも考えられよう．現在，警察で行われているDNA型鑑定は，最も出現頻度が高いDNA型の組合せの場合で，約4兆7,000億人に1人といった確率で個人識別を行うことができるという（警察庁，2017）．同様に，筆跡鑑定でいえば，観察された複数の筆跡の類似点（ないし相違点）の組合せを考えると，そのような組合せが出現する確率は数億分の1であると考えられるから，「同一人」であるといった確率論による説明もあろう（ただし，鑑定ごとに，対象となる文字が異なることから，この確率は鑑定ごとに変動することは当然であるが）．吉田(2004)によると，筆跡鑑定の総合判定は，その鑑定の検査の過程で得られたすべての情報を基に，また考察を加えた上で判断されるものであり，その判断に関して何%といった確率評価を行うことはできないとしている．本書では，趣旨がそれることから，筆跡鑑定における確率計算の是非については言及しないが，法言語学的観点についても，Coulthard & Johnson (2007) は，確率的に結論を表現することは困難であると述べている．したがって，著者識

別に関しても，確率的に結論を算出することは困難であろうが，算出された分析結果を基に確率計算するといったことが求められるかもしれない。これについては，階層的クラスター分析の場合は，他の多変量データ解析に比べて，確率計算が可能かもしれない。たとえば，著者1名の対照文章と著者9名の無関係文章を用いるとする。そして，ある文体的特徴Aについて分析したところ，疑問文章が対照文章と同じクラスターに分類されたとする。この場合，単純に10名中の1名の著者と同じクラスターに分類されたことから，確率で1/10とする。ほかにも，BからFといった5つの文体的特徴についても同様の結果が得られたとすれば，$1/10^6$で100万分の1と確率を算出することができるかもしれない。ただし，主成分分析や対応分析，多次元尺度法といった2次元上にテキストが布置されるような分析結果についてはこのような計算は困難となる。著者識別に限らず，鑑定の結論に関する確率を裁判などでは求められる場合があり，尤度比はその典型であろうが，尤度比の提示のみではそれは単なる分析結果であり，わが国では鑑定とはいえない。前述のとおり，わが国における「鑑定」とは，「特別な知識・経験を有する者が意見判断すること」であることから，最終的には，確率計算もさることながら，鑑定人の判断によるといえる。

8.3.2　鑑定結論の表現方法

　鑑定の結論に関する表現方法もさまざまである。たとえば，法言語学の第一人者であるマルコム・クルサードは，著者識別における結論の表現として，表8.2の11段階（「同一人」に関して6段階，「別人」に関して5段階）を設定している。

　このような詳細な設定は，結論に対する分析者の自信度を示すものといえるが，分析者は分析結果に合わせた評価を実際にできるものなのか，またこの違いを説明できるのかといった疑問が残る。あまりにも曖昧な表現もあることから，裁判官なども信頼性への判断がつきにくいといったデメリットも考えられる。さらには，同じデータを分析したにもかかわらず，分析者によって評価が分かれる可能性もありえる。

　このことから，段階を設定せず，「同一人」や「別人」（はたまた「不明」）といった表現が最も説明がしやすく，理解が得られやすいといった指摘がされる

表 8.2 マルコム・クルサードの著者識別に関する結論の表現方法（Coulthard & Johnson (2007) より引用）

「同一人」の可能性が最も高い場合
5：'I personally feel *quite satisfied* that X is the author'
4：'It is in my view *very likely* that X is the author'
3：'It is in my view *likely* that X is the author'
2：'It is in my view *fairly likely* that X is the author'
1：'It is in my view *rather more likely than not* that X is the author'
0：'It is in my view *possible* that X is the author'
−1：'It is in my view *rather more likely than not* that X is *not* the author'
−2：'It is in my view *fairly likely* that X is *not* the author'
−3：'It is in my view *likely* that X is *not* the author'
−4：'It is in my view *very likely* that X is *not* the author'
−5：'I personally feel *quite satisfied* that X is *not* the author'
「別人」の可能性が最も高い場合

場合もある。

8.4　今後の実務上ならびに研究における課題

　本書では，計量的文体分析をその歴史的経緯から現在に至るまで，また調査研究を介してその有効性をみてきたものであるが，実務そして研究における今後の課題について考察したい。

　実務について考えられうる課題としては，まず対照文章や無関係文章の選択基準といった問題が挙げられる。今現在，このような対照文章や無関係文章を用いるべきであるといった選択基準は特にない。実際には，対照文章は，被疑者が記載したことが明確な文章であることから，犯罪捜査において入手が可能であるといった制約もあろう。疑問文章と対照文章がどちらも犯罪に関与するにもかかわらず，無関係文章がブログなどの一般的な文章では，疑問文章と対照文章の話題内容が類似していることが影響して疑問文章と対照文章が類似の結果を示したとしかいえないかもしれない。そのような意味から，本書の調査研究 2 においても，中学生の作文と実際の犯罪で使用された文章を無関係文章

に用いている．つまり，対照文章や無関係文章に関する明確な選択基準はないものの，実務では複数の話題内容（ジャンル）などを用いて，それでもなお類似の分析結果が算出されるといった「頑健性」を示すことで，より信頼性の高い分析が可能となるものと思われる．このほかの課題として，わが国の犯罪捜査の現場における捜査員などにこの著者識別の手法が知られていないことが挙げられる．したがって，まずは手法の周知が課題といえよう．また，分析者の育成という点も挙げられる．現在の日本で，著者識別や著者プロファイリングの研究に従事する研究者はいるものの，実際の事件にかかる鑑定を行ったことがある者は，管見の限り，同志社大学の金明哲氏と著者のみである．そのような人材不足を解消するためには人材育成が欠かせない．なお，DNA 型鑑定や薬毒物鑑定，筆跡鑑定など警察における科学鑑定というのは，鑑定人が科学警察研究所の法科学研修所で研修を受け，その後に各都道府県警察において実務に携わることとなる．このことから，全国警察において普及するためには，そのような研修所における研修が必須となる．

研究については，本書の調査研究で 100 名ほどのサンプルを用いて，正確性の検討を紹介したが，これからもサンプルを増やすことで正確性に関する検討を続ける必要がある．著者識別が，「文章の指紋」と呼ばれるほど個人を識別する程度を示さねばならないであろう．それと同時に，本書で紹介したスコアリングルールについて，「同一人」，「別人」，「不明」といった判定のための得点の閾値を探索していくことが手法の標準化に寄与すると思われる．また，話題内容の違いや分析に用いる著者数の影響，はたまた意図的に文体表現を変えた場合の文体的特徴の変化に関する研究はあまりみられない．特に，犯罪にかかわる文章を題材とした研究は少ないのが現状である．著者は，犯罪捜査の実務に携わっていることから，そのような文書などに接する機会は多いものの，研究材料として用いるのは難しい．本書で扱った犯罪文書も，一般に知られる事件でインターネット上などに掲載されているものを使用している．研究に制約はあるものの，実務における活用に向けた土台作りは欠かせないであろう．

課題はさまざま山積しているものの，本手法の有効性は本書で紹介したとおりである．ただし，今後はサイバー犯罪をはじめ，文章が関与する事件においては，本手法が求められる時代が到来するものと思われる．以降も，引き続き

研究や実務において実績を重ね，著者識別による手法が，筆跡鑑定同様の地位を築き，確固たる分析手法の確立ならびに犯罪捜査へ貢献できたら幸いである。

引用文献

浅原正幸・松本裕治 (2013). Ipadic version 2.7.0 ユーザーズマニュアル，2003 年 11 月 15 日〈http://chasen.naist.jp/snapshot/ipadic/ipadic/doc/ipadic-ja.pdf〉(2018 年 1 月 19 日)

朝日新聞大阪社会部 (2004). グリコ・森永事件，新風舎文庫.

東照二 (1997). 社会言語学入門—生きた言葉のおもしろさにせまる—，研究社出版.

池田大介・南野朋之・奥村学 (2006). blog の著者の性別推定，言語処理学会第 12 回年次大会発表論文集，356-359.

石川慎一郎 (2012). ベーシックコーパス言語学，ひつじ書房.

石田基広・金明哲（編著）(2012). コーパスとテキストマイニング，共立出版.

石田将吾・佐藤理史・駒谷和範 (2011). エッセイコーパスを用いたテキストの著者の性別推定，言語処理学会第 17 回年次大会発表論文集，472-475.

泉雅貴・三浦孝夫 (2009). ブースティングに基づく Blog 著者年齢推定，DEIM Forum, A3-5.

和泉潔・松井藤五郎 (2012). 金融テキストマイニングの紹介，石田基広・金明哲（編著）コーパスとテキストマイニング，共立出版，pp.15-25.

岩崎裕也・佐藤理史・駒谷和範 (2012). エッセイコーパスを用いたテキスト著者の性別推定，言語処理学会第 18 回年次大会発表論文集，525-528.

岩崎裕也・佐藤理史・駒谷和範 (2013). エッセイコーパスを用いた著者の生年の推定，言語処理学会第 19 回年次大会発表論文集，652-655.

岩田祐子・重光由加・村田泰美 (2013). 概説社会言語学，ひつじ書房.

上阪彩香 (2016). 西鶴遺稿集の著者の検討—北条団水の浮世草子との比較分析—，村上征勝・金明哲・土山玄・上阪彩香，計量文献学の射程，勉誠出版，pp.187-263.

上野厚 (2000). 都市型放火犯罪—放火犯罪心理分析入門—，立花書房.

上村晃弘・サトウタツヤ (2010). 東金女児遺棄事件に関するブログ記事の分析，立命館人間科学研究，**21**，173-183.

NTT 技術予測研究会（編著）・篠原弘道（監修）(2015). 2030 年の情報通信技術—生活者の未来像—，NTT 出版.

大久保街亜・岡田謙介 (2012). 伝えるための心理統計—効果量・信頼区間・検定力—，勁

草書房．

緒方康介 (2015). テキストマイニングを用いた『犯罪心理学研究』の論題分析─半世紀にわたる変遷と領域の多様化─，犯罪心理学研究，53(1), 37-48．

緒方康介 (2017). P-F スタディに対する非行児の言語反応─テキストマイニングによる解析の試み─，犯罪学雑誌，83(5), 118-129．

緒方康介・西由布子・前田均 (2010). 犯罪・事故等関連死亡者の遺族における司法解剖への想い─自由記述文に対するテキスト・マイニングを用いた分析─，犯罪学雑誌，76(2), 41-47．

小川時洋・松田いづみ・常岡充子 (2013). 隠匿情報検査の妥当性─記憶検出技法としての正確性の実験的検証─，日本法科学技術学会誌，18(1), 35-44．

荻野綱男 (2014). ウェブ検索による日本語研究，朝倉書店．

尾崎秀樹 (1969). 解説 谷譲次 一人三人全集 3 テキサス無宿，河出書房新社，pp385-393．

小田晋 (2002). 少年と犯罪，青土社．

越智啓太 (2008). 犯罪捜査の心理学─プロファイリングで犯人に迫る─，化学同人．

オールポート，G.W.・今田恵（監訳）・星野命・入谷敏男・今田寛（訳）(1968). 人格心理学（下），誠信書房．

勝又義直 (2008). 裁判所における科学鑑定の評価について，日本法科学技術学会誌，13(1), 1-6．

樺島忠夫・寿岳章子 (1965). 文体の科学，綜芸舎．

株式会社システム計画研究所（編）(2016). Python による機械学習入門，オーム社．

神田宏 (2013). テキスト・マイニングの手法を用いた量刑理由の記述統計分析─裁判員裁判制度導入前後の死刑・無期懲役判例を素材に─，近畿大学法学，61（2・3），1-36．

菊池悟 (2007). 現代大学生における言語の性差意識─男女の歌詞書き替えの課題から─，岩大語文，12, 109-101．

木村颯斗・大山実 (2014). Twitter の発言における著者性別推定システムの検討，情報科学技術フォーラム講演論文集，13(4), 293-294．

桐生正幸 (1998). 放火現場から何がわかるのか？，犯罪心理学研究，36（特別号），16-17．

金明哲 (1994). 読点の打ち方と文章の分類，計量国語学，19(7), 317-330．

金明哲 (1995). 動詞の長さの分布に基づいた文章の分類と和語及び合成語の比率，自然言語処理，2(1), 57-75．

金明哲 (1996a). 日本語における単語の長さの分布と文章の著者，社会情報，5(2), 13-21．

金明哲 (1996b). 読点から現代作家のクセを検証する，統計数理，44(1), 121-125．

金明哲 (1996c). 小説文における文節の係り受け距離の分布の統計的特徴，計量国語学，20(4), 168-179．

金明哲 (1997). 助詞の分布に基づいた日記の書き手の識別, 計量国語学, **20**(8), 357-367.
金明哲 (2002a). 助詞の n-gram モデルに基づいた書き手の識別, 計量国語学, **23**(5), 225-240.
金明哲 (2002b). 助詞の分布における書き手の特徴に関する計量分析, 社会情報, **11**(2), 15-23.
金明哲 (2003). 自己組織化マップと助詞分布を用いた書き手の同定およびその特徴分析, 計量国語学, **23**(8), 369-386.
金明哲 (2004). 品詞のマルコフ遷移の情報を用いた書き手の同定, 日本行動計量学会第 32 回大会講演論文集, 384-385.
金明哲 (2009a). テキストデータの統計科学入門, 岩波書店.
金明哲 (2009b). 文章の執筆時期の推定―芥川龍之介の作品を例として―, 行動計量学, **36**(2), 89-103.
金明哲 (2012a). 文章の書き手の特徴情報と書き手の識別 石田基広・金明哲（編著） コーパスとテキストマイニング, 共立出版, pp.55-69.
金明哲 (2012b). コーパスとテキストマイニング 石田基広・金明哲（編著） コーパスとテキストマイニング, 共立出版, pp.1-14.
金明哲 (2013). 文節パターンに基づいた文章の書き手の識別, 行動計量学, **40**(1), 17-28.
金明哲 (2014). 統合的分類アルゴリズムを用いた文章の書き手の識別, 行動計量学, **41**(1), 35-46.
金明哲 (2016). 計量文献学の基礎研究とその応用, 村上征勝・金明哲・土山玄・上阪彩香, 計量文献学の射程, 勉誠出版, pp.57-114.
金明哲 (2017). R によるデータサイエンス（第 2 版）―データ解析の基礎から最新手法まで―, 森北出版.
金明哲 (2018). 統計学 OnePoint10, テキストアナリティクス, 共立出版.
金明哲・樺島忠夫・村上征勝 (1993a). 手書きとワープロによる文章の計量分析, 計量国語学, **19**(3), 133-145.
金明哲・樺島忠夫・村上征勝 (1993b). 読点と書き手の個性, 計量国語学, **18**(8), 382-391.
金明哲・村上征勝 (2007). ランダムフォレスト法による文章の書き手の同定, 統計数理, **55**(2), 255-268.
桑野麻友子・金明哲 (2008). 小倉左遷前後における森鴎外の文体変化, 日本行動計量学会第 36 回大会講演論文集, 44-47.
警察庁 (2016). 警察白書（平成 28 年版）.
警察庁 (2017). 警察白書（平成 29 年版）.
計量国語学会 (2017). データで学ぶ日本語学入門, 朝倉書店.

小城英子 (2004). 『劇場型犯罪』とマス・コミュニケーション，ナカニシヤ出版.
小林孝寛・吉本かおり・藤原修治 (2009). 実務ポリグラフ検査の現状，生理心理学と精神生理学，**27**(1), 5-15.
財津亘 (2011). 犯罪者プロファイリングにおけるベイズ確率論の展開，多賀出版.
財津亘 (2014). ポリグラフ検査に対する正しい理解の促進に向けて，立命館文學，**636**, 32-43.
財津亘 (2015). テキストマイニングによる最近10年間の殺人事件における殺害動機の類型化，日本心理学会第79回大会発表論文集，475.
財津亘 (2016). テキストマイニングによる最近10年間の放火事件に関する動機の分類—単一放火と連続放火の比較—，犯罪心理学研究，**53**(2), 29-41.
財津亘・金明哲 (2015). テキストマイニングを用いた犯罪に関わる文書の筆者識別，日本法科学技術学会誌，**20**(1), 1-14.
財津亘・金明哲 (2017a). テキストマイニングを用いた筆者識別へのスコアリング導入—文字数やテキスト数，文体的特徴が得点分布に及ぼす影響—，日本法科学技術学会誌，**22**(2), 91-108.
財津亘・金明哲 (2017b). 階層的クラスター分析結果にスコアリングを導入したテキストマイニングによる筆者識別，科学警察研究所報告，**66**(2), 75-81.
財津亘・金明哲 (2017c). ランダムフォレストによる著者の性別推定—犯罪者プロファイリング実現に向けた検討—，情報知識学会誌，**27**(3), 261-274.
財津亘・金明哲 (2018a). テキストマイニングによる筆者識別の正確性ならびに判定手続きの標準化，行動計量学，**45**(1), 39-47.
財津亘・金明哲 (2018b). 文末語の使用率に基づいた筆者識別—探索的多変量解析の実施と分析結果に対するスコアリングによる検討—，計量国語学，**31**(6), 417-425.
財津亘・金明哲 (2018c). 機械学習を用いた著者の年齢層推定—犯罪者プロファイリング実現に向けて—，同志社大学ハリス理化学研究報告，**59**(2), 57-65.
財津亘・金明哲 (2018d). パソコン遠隔操作事件で著者識別による犯人性立証は可能だったか？，情報知識学会誌，**28**(3), 253-258.
財津亘・金明哲 (2018e). 性別を偽装した文章における文体的特徴の変化，同志社大学ハリス理化学研究報告，**59**(3), 47-54.
島崎洵子 (2007). 新聞投書の文体分析—性差を中心に—，武庫川女子大学言語文化研究所年報，**19**, 5-35.
白川部舞・越智啓太 (2017). 殺人 越智啓太・桐生正幸 テキスト司法・犯罪心理学，北大路書房，pp.2-18.
神保哲生 (2017). PC遠隔操作事件，光文社.

末藤高義 (2012). サイバー犯罪対策ガイドブック—基礎知識から実践対策まで—，民事法研究会.

杉浦政裕 (2012). テキストマイニングと付加的な情報の組合せによるニーズ分析支援—インドネシアにおける二槽式洗濯機のニーズ分析を事例に—，石田基広・金明哲（編著）コーパスとテキストマイニング，共立出版，pp.83-96.

鈴木護 (1999). 連続放火犯の犯人像と地理的プロファイリング，火災, **49**(4), 42-48.

孫昊・金明哲 (2018). 川端康成の小説『花日記』の代筆疑惑検証，情報知識学会誌, **28**(1), 3-14.

『タイム』誌編集記者（ナンシー・ギブス，リチャード・ラカヨ，ランス・モロー，ジル・スモロー，デビッド・ヴァン・ビエマ）・田村明子（訳）(1996). ユナボマー爆弾魔の狂気—FBI 史上最長十八年間，全米を恐怖に陥れた男—，KK ベストセラーズ.

高澤則美 (1998). 筆跡鑑定，科学警察研究所報告法科学編, **51**(2), 43-53.

高澤則美・長野勝弘 (1976). 筆跡の個人差と個人内変動について—計量的側面からの検討—，科学警察研究所報告法科学編, **29**(2), 84-92.

武田春子 (1990). 言語性差のステレオタイプ—「今田勇子」への「識者」のコメントを読む—，女性学年報, **11**, 28-39.

田中春美・田中幸子 (1996). 社会言語学への招待—社会・文化・コミュニケーション—，ミネルヴァ書房.

田中ゆかり (1997). 日本語研究における多変量解析を用いた研究の変遷，計量国語学, **21**(3), 101-109.

田畑智司 (2004). -ly 副詞の生起頻度解析による文体識別—コレスポンデンス分析と主成分分析による比較研究—，電子化言語資料分析研究, 97-114.

田村雅幸 (1983). 最近の殺人事件の実態とその類型，科学警察研究所報告防犯少年編, **24**(1), 78-90.

田村雅幸・鈴木護 (1997). 連続放火の犯人像分析—1. 犯人居住地に関する円仮説の検討—，科学警察研究所報告防犯少年編, **38**(1), 13-25.

辻脇葉子 (2010). 科学的証拠の関連性と信頼性，明治大学法科大学院論集, **7**, 413-443.

土山玄 (2016). 源氏物語第三部の複数作者説及び成立過程についての計量分析，村上征勝・金明哲・土山玄・上阪彩香，計量文献学の射程，勉誠出版，pp.115-186.

鄭弯弯・金明哲 (2018). 変動係数を用いた語彙の豊富さ指標の比較評価，同志社大学ハリス理化学研究報告, **58**(4), 230-241.

出村慎一・西嶋尚彦・長澤吉則・佐藤進（編）(2004). 健康・スポーツ科学のための SPSS による多変量解析入門，杏林書院.

中田修 (1977). 放火の犯罪心理，金剛出版.

中丸茂 (1999). 心理学者のための科学入門，北大路書房．
長浜祐貴・遠藤聡志・當間愛晃・赤嶺有平・山田考治 (2013). Twitter の投稿文章による人物像の推定〈http://www.jsise.org/society/presentation/doc/pdf/2013/10_okinawa/1004.pdf〉(2018 年 1 月 7 日)．
長浜祐貴・遠藤聡志・當間愛晃・赤嶺有平・山田考治 (2014). ユーザーツイート解析による人物像推定手法の提案と検討，情報処理学会第 76 回全国大会発表論文集，497-498.
南風原朝和 (2014). 続・心理統計学の基礎―統合的理解を広げ深める―，有斐閣．
萩野谷俊平 (2009). 文体による筆者の識別と特性推定，犯罪心理学研究，**47**（特別号），114-115.
萩野谷俊平 (2010). テキストプロファイリングによる犯人像推定の検討，犯罪心理学研究，**48**（特別号），134-135.
橋内武・堀田秀吾 (2012). 法と言語―法言語学へのいざない―，くろしお出版．
長谷川直宏 (2006). 擬装文書の検査法―ジェンダーステレオタイプに注目して―，日本法科学技術学会誌，**11**（別冊号），178.
長谷川直宏 (2008). 擬装文書の検査法 2―文章計量学的アプローチによる検証―，日本法科学技術学会誌，**13**（別冊号），188.
樋口幸吉 (1972). 犯罪の心理，大日本図書．
樋口耕一 (2012). 社会調査における計量テキスト分析の手順と実際―アンケートの自由回答を中心に―，石田基広・金明哲（編著）コーパスとテキストマイニング，共立出版，pp.119-128.
樋口耕一 (2014). 社会調査のための計量テキスト分析―内容分析の継承と発展を目指して―，ナカニシヤ出版．
樋口知之 (2013). データ・サイエンティストがビッグデータで私たちの未来を創る，情報管理，**56**(1), 2-11.
Sten-Erik Clausen・藤本一男（訳）(2015). 対応分析入門―原理から応用まで 解説◆R で検算しながら理解する―，オーム社．
堀田秀吾 (2011). テキストマイニングによる判決文の分析，明治大学法学部創立 130 周年記念論文集，**130**, 1-23.
本庄武 (2017). 刑事手続における科学鑑定の現状と課題―鑑定人の地位論を中心に―，一橋法学，**16**(1), 1-21.
前川守 (1995). 文章を科学する，岩波書店．
真栄城哲也・上保秀夫・中山伸一・早倉舞 (2014). 表記と送り仮名の使用パターンを用いた日本語文章の著者判別，情報知識学会誌，**24**(3), 342-364.
松浦司・金田康正 (2000). n-gram の分布を利用した近代日本語文の著者推定，計量国語

学，**22**(6)，225-238．

松田いづみ・荘島宏二郎 (2015). 犯罪心理学のための統計学―犯人のココロをさぐる―，誠心書房．

三浦麻子 (2012). 社会心理学研究におけるテキストマイニング，石田基広・金明哲（編著）コーパスとテキストマイニング，共立出版，pp.141-154．

三品光平・松田眞一 (2013). 文章の書き手の同定における分類法の精度比較，南山大学紀要（アカデミア・情報理工学編），**13**，35-46．

水本篤 (2009). コーパス言語学研究における多変量解析手法の比較―主成分分析 vs. コレスポンデンス分析―，統計数理研究所共同研究リポート「コーパス言語研究における量的データ処理のための統計手法の概観」，**232**，53-64．

水本篤・竹内理 (2008). 研究論文における効果量の報告のために―基礎的概念と注意点―，英語教育研究，**31**，57-66．

宮田英典 (2017). 路上における強制わいせつ事件について，「尤度比」を用いて犯人性立証を試みた事案，捜査研究，**66**(11)，92-104．

村上征勝 (2004). シェークスピアは誰ですか？―計量文献学の世界― 文藝春秋．

村上征勝 (2016). 計量文献学―文献の新たな研究法―，村上征勝・金明哲・土山玄・上阪彩香 計量文献学の射程，勉誠出版，pp.7-55．

村上征勝・伊藤瑞叡 (1991). 日蓮遺文の数理研究，東洋の思想と宗教，**8**，27-35．

村上征勝・金明哲・土山玄・上阪彩香 (2016). 計量文献学の射程，勉誠出版．

村上征勝・今西祐一郎 (1999). 源氏物語の助動詞の計量分析，情報処理学会論文誌，**40**(3)，774-782．

室淳子・石村貞夫 (2002). SPSSでやさしく学ぶ多変量解析（第2版），東京図書．

安本美典 (1958). 文体統計による筆者推定―源氏物語，宇治十帖の作者について―，心理学評論，**2**(1)，147-156．

安本美典 (1959). 「文章の性格学」への基礎研究―因子分析法による現代作家の分類―，国語国文，**28**(6)，339-361．

山岡一信 (1964). 犯罪行動の形態（Ｉ），殺人4 科学警察研究所報告法科学編，**17**(1)，126-133．

山岡一信 (1970). 殺人動機の理解への一試論，警察学論集，**23**(1)，72-92．

山岡一信 (1980). 放火の動機とその周辺，火災，**30**(4)，54-59．

山田剛史・井上俊哉 (2012). メタ分析入門―心理・教育研究の系統的レヴューのために―，東京大学出版会．

横山詔一 (2017). 文字・表記 計量国語学会（編）データで学ぶ日本語入門，朝倉書店，pp.14-21．

吉川和男・山上晧 (1998). 主要刑法犯—殺人・放火・強姦の心理—, 風祭 元ほか（編），臨床精神医学講座 19, 司法精神医学・精神鑑定, 中山書店, pp.307-319.

吉田公一 (2004). 筆跡・印章鑑定の実務—ポイント解説—, 東京法令出版.

吉益脩夫 (1952). 犯罪心理學, 東洋書館.

ラム チ ファン (1998). 日本語の文体 日本語・日本文化研修プログラム研修レポート集, **1997**, 101-106.

劉雪琴・金明哲 (2017a). 宇野浩二の病気前後の文体変化に関する計量的分析, 計量国語学, **31**(2), 128-143.

劉雪琴・金明哲 (2017b). 入院する前に宇野浩二の文体は既に変わっていたのか, 情報知識学会誌, **27**(3), 245-260.

渡邉和美 (2004). 通り魔事件の犯人像, 渡辺昭一（編），捜査心理学, 北大路書房, pp.133-145.

渡邊博史 (2014). 生ける屍の結末—「黒子のバスケ」脅迫事件の全真相—, 創出版.

Abbasi, A. & Chen, H. (2005). Applying authorship analysis to extremist-group web forum messages. *IEEE Intelligent Systems*, **20**(5), 67-75.

Abbasi, A. & Chen, H. (2006). Visualizing authorship for identification. *Proc. of the IEEE International Conference on Intelligence and Security Informatics*, (LNCS3975), 60-71.

Aitken, C.G.G. & Stoney, D.A. (1991). *The use of statistics in forensic science*. New York: Ellis Horwood.

Aitken, C.G.G. & Taroni, F. (2004). *Statistics and the evaluation of evidence for forensic scientists*. Chichester: Wiley.

American Psychiatric Association (2000). *Diagnostic and statistical manual of mental disorders. 4th ed. Text revision (DSM-IV-TR)*. Washington, D.C.: APA.

Argamon, S., Dhawle, S., Koppel, M., & Pennebaker, W. (2005). Lexical predictors of personality type. *Proc. of the Classification Society of North America Annual Meeting*.

Argamon, S. & Koppel, M. (2013). A systemic functional approach to automated authorship analysis. *Journal of Law and Policy*, **21**(2), 299-315.

Bailey, R.W. (1979). Authorship attribution in a forensic setting. In D.E. Ager, F.E. Knowles, & J. Smith, (Eds.), *Advances in Computer-aided Literary and Linguistic Research: Proceedings of the Fifth International Symposium on Computers in Literary and Linguistic Research*. Birmingham: AMLC, pp.1-15.

Binongo, J.N.G. (2003). Who wrote the 15th book of Oz?: An application of multivariate analysis to authorship attribution. *Chance*, **16**(2), 9-17.

Boudreau, J., Kwan, Q., Faragher, W., & Denault, G. (1977). *Arson and arson investigation*. Washington, D.C.: U.S. Government Printing Office.

Breiman, L. (2001). Random Forests. *Machine Learning*, **45**(1), 5-32.

Brinegar, C.S. (1963). Mark Twain and the Quintus Curtius Snodgrass letters: A statistical test of authorship. *Journal of the Americal Statistical Association*, **58**(301), 85-96.

Burrows, J.F. (1989). 'An ocean where each kind...': Statistical analysis and some major determinants of literary style. *Computers and the Humanities*, **23**(4-5), 309-321.

Campbell, L. (1867). *The sophistes and politicus of plato*. Oxford: Clarendon press.

Can, M. (2014). Authorship attribution using principal component analysis and competitive neural networks. *Mathematical and Computational Applications*, **19**(1), 21-36.

Canter, D. & Fritzon, K. (1998). Differentiating arsonists: A model of firesetting actions and characteristics. *Legal and Criminological Psychology*, **3**(1), 73-96.

Chaski, C.E. (2005). Who's at the keyboard? Authorship attribution in digital evidence investigations. *International Journal of Digital Evidence*, **4**(1), 1-13.

Cheng, N., Chandramouli, R., & Subbalakshmi, K. (2011). Author gender identification from text. *Digital Investigation*, **8**(1), 78-88.

Cheng, N., Chen, X., Chandramouli, R., & Subbalakshmi, K (2009). Gender identification from e-mails. *Proc. of the AAAI Spring Symposium on Computational Intelligence and Data Mining*, 154-158.

Cohen, J. (1988). *Statistical power analysis for the behavioral sciences*. 2nd ed. Hillsdale, NJ: Lawrence Erlbaum Assoc.

Corney, M. De Val, O, Anderson, A., & Mohay, G. (2002). Gender-preferential text mining of e-mail discourse. *Proc. of the 18th Annual Computer Security Applications Conference*, 282-289.

Coulthard, M. & Johnson, A. (2007). *An introduction to forensic linguistics: Language in evidence*. London :Routledge.

Cox, D.R. & Brandwood, L. (1959). On a discriminatory problem connected with the works of Plato. *Journal of the Royal Statistical Society*, **21**(1), 195-200.

De Morgan S.E. (1882). *Memoir of augustus de Morgan, by his wife Sophia Elizabeth de Morgan with selection from his letters*. Longman, Green and Co..

De Vel, O. (2000). Mining e-mail authorship. *Proc. of the workshop on text mining, ACM international conference on knowledge discovery and data mining (KDD)*.

De Vel, O., Anderson, A., Corney, M., & Mohay, G. (2001). Mining e-mail content for author identification forensics. *SIGMOD Record*, **30**(4), 55-64.

De Vel, O., Corney, M., Anderson, A., & Mohay, G. (2002). Language and gender author cohort analysis of e-mail for computer forensics. *Proc. of Second Digital Forensics Research*

Workshop, Syracuse, USA.

Douglas, J.E., Burgess, A.W., Burgess, A.G., & Ressler, R.K. (2006). *Crime Classification Manual*. 2nd ed. SanFrancisco: Jossy-Bass.

Evett, I.W., Scranage, J., & Pinchin, R. (1993). An illustration of the advantages of efficient statistical-methods for RFLP analysis in forensic-science. *American Journal of Human Genetics*, **52**(3), 498-505.

Fernández-Delgado, M., Cernadas, E., Barro, S., & Amorim, D. (2014). Do we need hundreds of classifiers to solve real world classification problems?. *Journal of Machine Learning Research*, **15**(1), 3133-3181.

Fox, J.A. & Levin, J. (1998). Multiple homicide: Patterns of serial and mass murder. *Crime and Justice*, **23**, 407-455.

Goswami, S., Sarkar, S., & Rustagi, M. (2009). Stylometric analysis of bloggers' age and gender. *Proc. of the third international ICWSM Conference*.

Grant T. (2013). TXT4N6: Method, consistency, and distinctiveness in the analysis of SMS text messages. *Journal of Law and Policy*, **21**(2), 467-494.

Grant, T. & Baker, K. (2001). Identifying reliable, valid markers of authorship: A response to Chaski. *Forensic Linguistics*, **8**(1), 66-79.

Guiraud, H. (1954). *Les caractères statistiques du vocabulaire*. Paris: Presses Universitaires de France.

Hadjidj, R., Debbabi, M., Lounis, H., Iqbal, F., Szporer, A., & Benredjem, D. (2009). Towards an integrated e-mail forensic analysis framework. *Digital Investigation*, 5(3-4), 124-137.

Herdan, G. (1960). *Type-token mathematics: A textbook of mathematical linguistics*. The Hague, The Netherlands: Mouton & Co..

Holmes, D.I. (1992). A stylometric analysis of Mormon scripture and related texts. *Journal of Royal Statistical Society*, **155**(1), 91-120.

Holmes, J. (2008). *An introduction to sociolinguistics*. 3rd ed. Harlow: Pearson Education.

Holmes, R.M. & De Burger, J.E. (1988). *Serial murder*. Newbury Park, CA: Sage.

Honoré, A. (1979). Some simple measures of richness of vocabulary. *Association for Literary and Linguistic Computing Bulletin*, **7**(2), 172-177.

Hoorn, J.F., Frank, S.L., Kowalczyk, W., & Ham, F.V.D. (1999). Neural network identification of poets using letter sequence. *Literary and Linguistic Computing*, **14**(3), 311-338.

Hota, S.R., Argamon, S., & Chung, R. (2006). Gender in Shakespeare: Automatic stylistics gender character classification using syntactic, lexical and lemma features. *Chicago Colloquium on Digital Humanities and Computer Science*. Chicago, Illinois.

Iqbal, F., Binsalleeh, H., Fung, B.C.M., & Debbabi, M. (2010). Mining writeprints from anonymous e-mails for forensic investigation. *Digital Investigation*, **7**(1-2), 56-64.

Ishihara, S. (2014). A likelihood ratio-based evaluation of strength of authorship attribution evidence in SMS messages using N-grams. *The International Journal of Speech, Language and the Law*, **21**(1), 23-50.

Ishihara, S. (2017a). Strength of forensic text comparison evidence from stylometric features: A multivariate likelihood ratio-based analysis. *The International Journal of Speech, Language and the Law*, **24**(1), 67-98.

Ishihara, S. (2017b). Strength of linguistic text evidence: A fused forensic text comparison system. *Forensic Science International*, **278**, 184-197.

Izumi, M., Miura, T., & Shioya, I. (2008). Entropy-based age estimation of Blog authors. *IEEE Annual International Computer Software and Applications Conference*, 795-800.

Jamak, A., Savatić, A., & Can, M. (2012). Principal component analysis for authorship attribution. *Business Systems Research*, **3**(2), 49-56.

Jin M. & Jiang M. (2013). Text clustering on authorship attribution based on features of punctuation usage in Chinese. *Infomation*, **16**(7), 4983-4990.

Jin, M. & Murakami, M. (1993). Authors' characteristic writing styles as seen through their use of commas. *Behaviormetrika*, **20**(1), 63-76.

Juola, P. (2006). Authorship attribution. *Foundations and Trends in Information Retrieval*, **1**(3), 233-334.

Juola, P. & Baayen, H. (2005). A controlled-corpus experiment in authorship identification by cross-entropy. *Literary and Linguistic Computing*, **20**(1), 59-67.

Keppel, R.D. & Walter, R. (1999). Profiling killers: A revised classification model for understanding sexual murder. *International Journal of Offender Therapy and Comparative Criminology*, **43**(4), 417-437.

Kjetsaa, G., Gustavsson, S., Beckman, B., Gil, S. & Norvegica, S. (1984). *The authorship of the quiet Don*. Oslo: Humanities Press.

Kocsis, R.N. (2002). Arson: Exploring motives and possible solutions. *Trends and Issues in Crime and Criminal Justice*, **236**, 1-6.

Koehler, J.J. (2013). Linguistic confusion in court: Evidence from the forensic sciences. *Journal of Law and Policy*, **21**(2), 515-539.

Koppel, M., Argamon, S., & Shimoni, A.R. (2002). Automatically categorizing written texts by author gender. *Literary and Linguistic Computing*, **17**(4), 401-412.

Koppel, M., Schler, J., & Argamon, S. (2013). Authorship attribution: What's easy and what's hard?. *Journal of Law and Policy*, **21**(2), 317-331.

Kucukyilmaz, T., Cambazoglu, B.B., Aykanat, C., & Can, F. (2008). Chat mining: Predicting user and message attributes in computer-mediated communication. *Information Processing and Management*, **1944**(4), 1448-1466.

Ledger, G. & Merriam, T. (1994). Shakespeare, Fletcher, and the two noble kinsmen. *Literary and Linguistic Computing*, **9**(3), 235-248.

Lewis, N.D.C. & Yarnell, H. (1951). Pathological fire-setting (pyromania). *Nervous and Mental Disease* (Monograph No.82). NewYork: Coolidge Foundations.

Lykken D.T. (1959). The GSR in the detection of guilt. *Journal of Applied Psychology*, **43**(6), 385-388.

Lowe, D. & Matthews, R. (1995). Shakespeare vs. Fletcher: A stylometric analysis by radial basis functions. *Computers and the Humanities*, **29**(6), 449-461.

Macmillan, N.A. & Creelman, C.D. (2004). *Detection theory: A user's guide*. 2nd ed. Lawrence Erlbaum, Hillsdale, NJ.

Matthews, R. & Merriam, T. (1993). Neural computation in stylometry I : An application to the works of Shakespeare and Fletcher. *Literary and Linguistic Computing*, **8**(4), 203-209.

Mendenhall, T.C. (1887). The characteristic curves of composition. *Science*, **9**(214), 237-249.

Mendenhall, T.C. (1901). A mechanical solution of a literary problem. *Popular Science Monthly*, **60**, 97-105.

Merriam, T. & Matthews, R. (1994). Neural computation in stylometry II: An application to the works of Shakespeare and Marlowe. *Literary and Linguistic Computing*, **9**(1), 1-6.

Mosteller, F. & Wallace, D.L. (1963). Inference in an authorship problem: A comparative study of discrimination methods applied to the authorship of the disputed federalist paper. *Journal of the American Statistical Association*, **58**(302), 275-309.

Nirkhi, S., Dharaskar, R.V., & Thakare, V.M. (2015). Authorship identification in digital forensics using machine learning approach. *International Journal of Latest Trends in Engineering and Technology*, **5**(1), 369-372.

Nirkhi, S., Dharaskar, R.V., & Thakare, V.M. (2016). Authorship verification of online messages for forensic investigation. *Procedia Computer Scinece*, **78**, 640-645.

Olsson, J. (2009). *Word Crime: Solving crime through Forensic Linguistics*. NewYork: Continuum.

Österreicher, F. & Vajda, I. (2003). A new class of metric divergences on probability spaces and its applicability in statistics. *Annals of the Institute of Statistica Mathematics*, **55**(3), 639-653.

Palme, H. (1949). *Versuch einer statistischen Auswertung des alltäglicen*. Schreibstils.

Palomino-Garibay, A., Camacho-González, T., Fierro-Villaneda, R.A., Hernández-Farias, I., Buscaldi, D., & Meza-Ruiz, I. (2015). A random forest approach for authorship profiling. *Proc. of CLEF*.

Peersman, C., Daelemans, W., & Van Vaerenbergh, L. (2011). Predicting age and gender in online social networks. *Proc. of the 3rd International Workshop on Search and Mining User-generated Contents*, 37-44.

Rangel, F. & Rosso, P. (2013). Use of language and author profiling: Identification of gender and age. *Proc. of Nature Language Processing and Cognitive Science*, 177.

Riba, A. & Ginebra, J. (2005). Change-point estimation in a multinomial sequence and homogeneity of literary style. *Journal of Applied Statistics*, **32**(1), 61-74.

Robertson, B. & Vignaux, G.A. (1995). *Interpreting evidence: Evaluating forensic science in the court room*. Chichester: Wiley.

Salfati, C.G. & Canter, D.V. (1999). Differentiating stranger muder: Profiling offender characteristics from behavioral style. *Behavioral Science and the Law*, **17**(3), 391-406.

Santosh, K., Bansal, R., Shekhar, M., & Varma, V. (2013). Author profiling: Predicting age and gender from blogs. *Notebook for PAN at CLEF*, 119-124.

Savoy, J. (2011). Who wrote this novel？Authorship attribution across three languages. *Travaux Neuchâtelois De Linguistique*, **55**, 59-75.

Schler, J., Koppel, M., Argamon, S., & Pennebaker, J. (2006). Effects of age and gender on blogging. *Proc. of the AAAI Spring Symposium on Computational Approaches to Analyzing Weblogs, AAAI Technical Report*, **6**, 199-205.

Sherman, L.A. (1888). Some observations upon the sentence-length in English prose. *University [of Nebraska] Studies*, **1**(2), 119-130.

Simpson, E.H. (1949). Measurement of diversity. *Nature*, **163**, 688.

Somers, H.H. (1966). Statistical methods in literary analysis. In J. Leeds(Ed.), *The computer and literary style: Introductory essays and studies*. Kent, OH: Kent State University Press, pp.128-140.

Stamatatos, E. (2013). On the robustness of authorship attribution based on character n-gram features. *Journal of Law and Policy*, **21**(2), 421-439.

Sun, H. and Jin, M. (2017). Verifying the authorship of the Yasunari Kawabata novel the sound of the mountain. *Journal of Mathematics and System Science*, **7**(5), 127-141.

Sun, J., Yang, Z., Liu, S., & Wang, P. (2012). Applying stylometric analysis techniques to counter anonymity in cyberspace. *Journal of Networks*, **7**(2), 259-266.

Swets, J.A. (1988). Measuring the accuracy of diagnostic systems. *Science*, **240**(4857), 1285-1293.

Tabata, T. (2007). A statistical study of superlatives in Dickens and Smollett: A case study in corpus stylistics. 〈https://pdfs.semanticscholar.org/23f7/e3a6ca295129bf18a4a3ca619038957a6c35.pdf〉(2018 年 2 月 9 日).

Tam, J. & Martell, C.H. (2009). Age detection in Chat. *Proc. of the 3rd IEEE International Conference on Semantic Computing*, 33-39.

Tanaka, R. & Jin, M. (2014). Authorship attribution of cell-phone e-mail. *INFORMATION*, **17**(4), 1217-1226.

Tennyson, J.F. (1952). *Murder and its motives*. London: Harrap.

Tweedie, F.J., Singh, S., & Holmes, D.I. (1996). Neural network application in stylometry: The federalist papers. *Computers and the Humanities*, **30**(1), 1-10.

Wachi, T., Watanabe, K., Yokota, K., Suzuki, M., Hoshino, M., Sato, A., & Fujita, G. (2007). Offender and crime characteristics of female serial arsonists in Japan. *Journal of Investigative Psychology and Offender Profiling*, **4**(1), 29-52.

Williams, C.B. (1975). Mendenhall's studies of word-length distribution in the works of Shakespeare and Bacon. *Biometrika*, **62**(1), 207-212.

Wolfgang, M.E. (1958). *Patterns in criminal homicide*. Philadelphia: University of Pennsylvania Press.

Yatam, S.S. & Reddy, T.R. (2014). Author profiling: Predicting gender and age from blogs, reviews and social media. *International Journal of Engineering Research and Technology*, **3**(12), 631-633.

Yule, G.U. (1944). *The statistical study of literary vocabulary*. Cambridge: Cambridge University Press.

Zaitsu, W. & Jin, M. (2016). Stylometric analysis for case linkage of Japanese communications from criminals: Distinguishing originals from copycats. *International Journal of Police Science and Management*, **18**(1), 21-27.

Zhang, C. & Zhang, P. (2010). Predicting gender from blog posts. *Technical Report, University of Massachusetts Amherst, USA*.

Zheng, R., Li, J., Chen, H., & Huang, Z. (2006). A framework for authorship identification of online messages: Writing-style features and classification techniques. *Journal of the American Society for Information Science and Technology*, **57**(3), 378-393.

付録：本書の調査研究にかかる学術論文および学会発表

本書における調査研究は，以下の学術論文，学会発表の内容の一部である．

第5章

調査研究1：財津亘・金明哲 (2018d). パソコン遠隔操作事件で著者識別による犯人性立証は可能だったか？，情報知識学会誌，**28**(3), 253-258.

調査研究2：財津亘・金明哲 (2015). テキストマイニングを用いた犯罪に関わる文書の筆者識別，日本法科学技術学会誌，**20**(1), 1-14.

調査研究3：財津亘・金明哲 (2017a). テキストマイニングを用いた筆者識別へのスコアリング導入—文字数やテキスト数，文体的特徴が得点分布に及ぼす影響—，日本法科学技術学会誌，**22**(2), 91-108.

調査研究4：財津亘・金明哲 (2017b) 階層的クラスター分析結果にスコアリングを導入したテキストマイニングによる筆者識別，科学警察研究所報告，**66**(2), 75-81.

調査研究5：財津亘・金明哲 (2018a). テキストマイニングによる筆者識別の正確性ならびに判定手続きの標準化，行動計量学，**45**(1), 39-47.

調査研究6：Zaitsu, W. & Jin, M. (2016). Stylometric analysis for case linkage of Japanese communications from criminals: Distinguishing originals from copycats. *International Journal of Police Science and Management*, **18**(1), 21-27.

第6章

調査研究7：財津亘・金明哲 (2017c). ランダムフォレストによる著者の性別推定—犯罪者プロファイリング実現に向けた検討—，情報知識学会誌，**27**(3), 261-274.

調査研究8：財津亘・金明哲 (2018e). 性別を偽装した文章における文体的特徴の変化，同志社大学ハリス理化学研究報告，**59**(3), 47-54.

調査研究9：財津亘・金明哲 (2018c). 機械学習を用いた著者の年齢層推定—犯罪者プロファイリング実現に向けて—，同志社大学ハリス理化学研究報告，**59**(2), 57-65.

第7章

調査研究10：財津亘 (2015). テキストマイニングによる最近10年間の殺人事件における殺害動機の類型化，日本心理学会第79回大会発表論文集，475.

調査研究11，12：財津亘 (2016). テキストマイニングによる最近10年間の放火事件に関する動機の分類—単一放火と連続放火の比較—，犯罪心理学研究，**53**(2)，29-41.

索　引

◆英数字索引◆

AUC　45, **82**, **83**, **86**, 128–133, 135, 136, 140, 141, 162–165

F 値　**80–82**, 159, 160, 163, 164, 174–176

Gini 係数　72, **88**

IP アドレス　3, 4

k 最近傍法　74, 77, 103–105, 158, 159

K 分割交差検証法　78, 79

LOOCV　**79**, 162, 163, 165, 174

MDA (Mean Deacrease Accuracy)　72, **87**, 163–165

MDG (Mean Decrease Gini)　72, **88**

n-gram　**37–39**, 41, 43, 44, 102–105

OOB (Out-Of-Bag)　**71–73**, 78

RBF　**67**, 68, 162

ROC (Receiver Operating Characteristics)　83

SKLD 距離　55, **57–59**, 109, 114, 127, 135, 139, 147

SVM (Support Vector Machine)　**65–69**, 72, 74, 77, 103–105, 156–160, 162, 164, 174–176

Ward 法　59, **63**, 109, 114, 135, 139, 147, 186, 189

Yule の K　47

◆和文索引◆

【あ】

アンサンブル学習　**71**, 74

【い】

因子分析　65, 106

【え】

エラー　**47**, 48

【お】

オーバーフィッティング　68

送り仮名　47, **48**

重み付きユークリッド距離　182, 186, 189

【か】

カーネルトリック　65–67

階層的クラスター分析　20, 28–30, 45, 48, 58, **59**, 63, 93, 96, 97, 109, 114, 124, 133, 137, 139, 147, 152, 186, 189, 198

220 索　引

過学習　68, 79
頑健性　**121**, 150, 200
感度　**82–85**, 140, 141, 196

【き】

機能語　15, 36, **43**, 44, 53, 104, 156–160
共起語　22
教師あり学習　51
教師なし学習　50

【く】

クリーニング作業　30, **31**, 181, 186
グリコ・森永事件　7, **144–148**, 150
グリッドサーチ　68, 162
黒子のバスケ脅迫事件　40, 108, 111–113, 118, **144–147**, 150

【け】

形態素　**32**, 39, 43, 74, 108, 109, 158
形態素解析　**31–33**, 35–37, 41, 108, 181, 186
計量言語学　16
計量国語学　**16**, 64, 65
計量国語学会　16, 64, 196
計量的文体分析　97
計量文献学　16, **17**, 19
計量文体学　**20**
劇場型犯罪　144
決定木　**69–73**, 77, 88, 103–105, 157–159, 162

【こ】

語彙の豊富さ　19, **46**, **47**, 103, 104
効果量　45, **86**, **87**, 128–130, 132, 135, 136, 140, 141, 171
交差検証法　68, **78**
構文解析　31, **35**, 37, 48
神戸連続児童殺傷事件　108, 112
コーパス　**13–16**
コーパス言語学　**16**
コーフェン行列　59, 60
個人語　15
個人差　18, 100, **101**, 105, 106, 123, 124
個人内恒常性　18, 100, **101**, 105, 106
ことばの証拠　13
コレスポンデンス分析　52, 55
混同行列　**80**, 81

【さ】

再現率　**80–82**, 163, 164, 174–176
サイバー犯罪　1–4, 155
作為筆跡　**102**

【し】

事後オッズ　143
事後確率　74, 143
事前オッズ　143
事前確率　74, 143

索引

社会言語学　**21**, 22, 156, 161
重回帰分析　65
主成分分析　20, 45, **51–53**, 55, 58, 64, 65, 96, 97, 106, 122, 123, 126, 127, 132, 133, 137, 139
深層学習　77

【す】

数量化理論Ⅰ類　65
数量化理論Ⅲ類　53, 65
数量化理論Ⅳ類　65
スコアリングルール　**122–125**, 128, 132–135, 138, 197, 200
スタイル・マーカー　15

【せ】

正解率　49, 72, **80–82**, 87, 103–105, 156–160, 163–165, 174–176
赤報隊事件　7, 108, 112, 113, 118, 147

【そ】

相対度数　38, 42, 57, 108, 113, 114, 127, 134, 138, 162
増分妥当性　125
ソフトマージン　67

【た】

対応分析　45, **52–55**, 58, 64, 107, 122, 123, 126, 127, 132, 133, 137, 139, 147, 149, 150
多次元尺度法　28–30, 45, **55–58**, 64, 65, 107, 114, 122, 123, 126, 127, 132, 133, 139, 152, 153, 182, 186, 189
単語の長さ　18, 19, 36, **46**, 53, 103–105, 162, 173

【ち】

著者照合　**98**, 99
著者同定　**98**, 99
著者プロファイリング　22, 51, 74, 76, 80, 81, 87, **98**, **156**, 193, 194

【て】

ディープラーニング　77
データサイエンス　**25**, 26
データマイニング　25, 26
適合率　**80–82**, 157–159, 164, 176
テキストアナリティクス　26
テキストマイニング　**25–30**, 179
デンドログラム　**59**, **60**, 109, 124

【と】

韜晦筆跡　**102**, 151
韜晦文章　151–152
東京・埼玉連続幼女誘拐殺人事件　108, 112, 113, 118, **152**, 194
読点の打ち方　39, **40**, 45, 46, 48, 49, 152, 166, 168

ドーバート基準 195, 196
特異度 **83–85**, 140, 141, 196
凸包ポリゴン 122, **123**

【な】

ナイーブベイズ **74–77**, 104, 157, 159, 160
内容語 15, 36, 39, **43**, 156, 157, 159, 160

【に】

偽陰性率 84
偽陽性率 84
日本行動計量学会 196
日本語ジェンダー学会 22
日本犯罪心理学会 28
日本法科学技術学会 196
ニューラルネットワーク 15, 43, **77**, 103–105

【は】

ハードマージン **67**
バギング 71, 74, 105
パソコン遠隔操作事件 **4–6**, **107–111**, 112, 118, 119
パトリシア・ハースト誘拐事件 91
犯罪者プロファイリング 81, 82, 90, 98, **155**, 179, 181, 194
判別分析 65, 107

【ひ】

ビッグデータ 25
筆跡鑑定 10, 11, **99–101**, 105, 195, 197, 200, 201
非内容語 **44**, **45**, 109, 127, 134, 138

【ふ】

ブースティング 71, 74, 105, 160
ブートストラップ法 71
フライ基準 195, 196
文章の指紋 15, 200
文節パターン 20, **48**, **49**
文の長さ 17, 19–22, 36, **40**, **41**, 104, 114, 126, 127, 136, 157, 159
文末語 **45**

【へ】

ベイジアンネットワーク 76
ベイズの定理 **74**, 75, 143

【ほ】

法言語学 **13–15**, 94, 144, 196
法と言語学会 13
ホールドアウト検証法 78
ポリグラフ検査 82, **123**, 141, 195, 197

【み】

ミステイク **47**
三菱重工爆破事件 112

【も】

模倣筆跡　**102**

模倣文章　**144**, 150

【ゆ】

ユークリッド距離　**56–58**, 186, 189

尤度　**74**, 142, 143

尤度比　**142–144**, 198

ユナボマー　**89**, 90

【ら】

ランダムフォレスト　**71–74**, 77, 87, 105, 157, 160, 162, 174

【わ】

分ち書き　19, 37

MEMO

MEMO

[監修者紹介]
金　明哲（きん　めいてつ）

略　歴
- 1954 年　中国・東北生まれ
- 1988 年　中国から来日
- 1994 年　総合研究大学院大学数物科学研究科統計科学専攻修了
　　　　　博士（学術）の学位を授与
- 1995 年　札幌学院大学社会情報学部助教授
- 1998 年　札幌学院大学社会情報学部教授
- 2005 年　（現職）同志社大学文化情報学部教授
　　　　　統計科学，データサイエンス，計量文献学の研究に従事

著　書
『R によるデータサイエンス』（森北出版，2007）
『テキストデータの統計科学入門』（岩波出版，2009）
『テキストアナリティクス』（共立出版，2018）　他多数

受賞歴
- 2013 年　日本行動計量学会 林知己夫賞（優秀賞）
- 2015 年　日本統計学会 出版賞

[著者紹介]
財津　亘（ざいつ　わたる）

略　歴
- 1978 年　神奈川県生まれ
- 2003 年　立命館大学大学院文学研究科心理学専攻博士課程前期課程修了
- 2004 年　富山県警察本部刑事部科学捜査研究所 文書心理係拝命
- 2011 年　立命館大学より博士（文学）の学位を授与
- 現在　　富山県警察本部刑事部科学捜査研究所主任研究官
　　　　　ポリグラフ検査，犯罪者プロファイリング，筆跡鑑定などの実務とともに，
　　　　　捜査心理学や犯罪心理学の研究に従事

著　書
『犯罪者プロファイリングにおけるベイズ確率論の展開』（多賀出版，2011）

受賞歴
- 2010 年　日本犯罪心理学会 研究奨励賞
- 2013 年　日本心理学会 優秀論文賞
- 2014 年　日本法科学技術学会 論文賞
- 2016 年　日本犯罪心理学会 研究奨励賞

犯罪捜査のための
テキストマイニング
― 文章の指紋を探り，サイバー犯罪に挑む
計量的文体分析の手法 ―

Text Mining for Criminal Investigation:
Fighting Against Cybercrime with Writeprint

2019 年 1 月 20 日　初版 1 刷発行

検印廃止
NDC 417
ISBN 978-4-320-12442-4

監修者	金　明哲
著　者	財津　亘　Ⓒ 2019
発行者	南條光章
発行所	**共立出版株式会社**

郵便番号　112-0006
東京都文京区小日向 4-6-19
電話　（03）3947-2511（代表）
振替口座　00110-2-57035
www.kyoritsu-pub.co.jp/

印　刷　錦明印刷
製　本

一般社団法人
自然科学書協会
会員

Printed in Japan

JCOPY ＜出版者著作権管理機構委託出版物＞
本書の無断複製は著作権法上での例外を除き禁じられています．複製される場合は，そのつど事前に，出版者著作権管理機構（ＴＥＬ：03-5244-5088，ＦＡＸ：03-5244-5089, e-mail：info@jcopy.or.jp）の許諾を得てください．

Rで学ぶデータサイエンス

金 明哲 編　[全20巻]

1. **カテゴリカルデータ解析**
藤井良宜著‥‥‥‥192頁・本体3300円
2. **多次元データ解析法**
中村永友著‥‥‥‥264頁・本体3500円
3. **ベイズ統計データ解析**
姜 興起著‥‥‥‥248頁・本体3500円
4. **ブートストラップ入門**
汪 金芳・桜井裕仁著‥248頁・本体3500円
5. **パターン認識**
金森敬文・竹之内高志・村田 昇著
‥‥‥‥288頁・本体3700円
6. **マシンラーニング 第2版**
辻谷將明・竹澤邦夫著‥288頁・本体3700円
7. **地理空間データ分析**
谷村 晋著‥‥‥‥254頁・本体3700円
8. **ネットワーク分析 第2版**
鈴木 努著‥‥‥‥360頁・本体3700円
9. **樹木構造接近法**
下川敏雄・杉本知之・後藤昌司著
‥‥‥‥232頁・本体3500円
10. **一般化線形モデル**
粕谷英一著‥‥‥‥222頁・本体3500円
11. **デジタル画像処理**
勝木健雄・蓬来祐一郎著 258頁・本体3700円
12. **統計データの視覚化**
山本義郎・飯塚誠也・藤野友和著
‥‥‥‥236頁・本体3500円
13. **マーケティング・モデル 第2版**
里村卓也著‥‥‥‥200頁・本体3500円
14. **計量政治分析**
飯田 健著‥‥‥‥160頁・本体3500円
17. **社会調査データ解析**
鄭 躍軍・金 明哲著‥288頁・本体3700円
19. **経営と信用リスクのデータ科学**
董 彦文著‥‥‥‥248頁・本体3700円
20. **シミュレーションで理解する回帰分析**
竹澤邦夫著‥‥‥‥238頁・本体3500円

【続刊テーマ】
⑮経済データ分析／⑯金融時系列解析／
⑱生物資源解析

シリーズ Useful R

金 明哲 編　[全10巻]

2. **データ分析プロセス**
福島真太朗著‥‥‥‥232頁・本体3600円
3. **マーケティング・データ分析の基礎**
里村卓也著‥‥‥‥196頁・本体3600円
4. **戦略的データマイニング**
里 洋平著‥‥‥‥236頁・本体3600円
5. **定性的データ分析**
金 明哲著‥‥‥‥406頁・本体3800円
7. **トランスクリプトーム解析**
門田幸二著‥‥‥‥238頁・本体3600円
8. **金融データ解析の基礎**
高柳慎一・井口 亮・水木 栄著
‥‥‥‥214頁・本体3600円
9. **ドキュメント・プレゼンテーション生成**
高橋康介著‥‥‥‥224頁・本体3400円
10. **Rのパッケージおよび
ツールの作成と応用**
石田基広・神田善伸・樋口耕一・永井達大・
鈴木了太著‥‥‥‥212頁・本体3400円

【続刊テーマ】①R言語の構造／⑥役に立つ
多変量解析とエディタ

【各巻】B5判・並製本・税別本体価格
（価格は変更される場合がございます）

共立出版

https://www.kyoritsu-pub.co.jp/
https://www.facebook.com/kyoritsu.pub